現場で困らない！

ITエンジニアのための
英語
リーディング

西野竜太郎 著

SE
SHOEISHA

本書内容に関するお問い合わせについて

　このたびは翔泳社の書籍をお買い上げいただき、誠にありがとうございます。弊社では、読者の皆様からのお問い合わせに適切に対応させていただくため、以下のガイドラインへのご協力をお願い致しております。下記項目をお読みいただき、手順に従ってお問い合わせください。

●ご質問される前に

　弊社 Web サイトの「正誤表」をご参照ください。これまでに判明した正誤や追加情報を掲載しています。

　　　正誤表　　http://www.shoeisha.co.jp/book/errata/

●ご質問方法

　弊社 Web サイトの「刊行物 Q&A」をご利用ください。

　　　刊行物 Q&A　　http://www.shoeisha.co.jp/book/qa/

　インターネットをご利用でない場合は、FAX または郵便にて、下記 "翔泳社 愛読者サービスセンター" までお問い合わせください。
　電話でのご質問は、お受けしておりません。

●回答について

　回答は、ご質問いただいた手段によってご返事申し上げます。ご質問の内容によっては、回答に数日ないしはそれ以上の期間を要する場合があります。

●ご質問に際してのご注意

　本書の対象を越えるもの、記述個所を特定されないもの、また読者固有の環境に起因するご質問等にはお答えできませんので、予めご了承ください。

●郵便物送付先および FAX 番号

　　　送付先住所　　　〒160-0006　東京都新宿区舟町5
　　　FAX 番号　　　　03-5362-3818
　　　宛先　　　　　　（株）翔泳社　愛読者サービスセンター

はじめに

　ITエンジニアにとって英語は避けて通れない関門です。中でもリーディングは、日本国内で働く場合であっても求められるスキルです。仕事では英会話や英語スピーチとは無縁のITエンジニアであっても、英語を読む機会は頻繁にあるのではないでしょうか。ウェブ上で入手できる技術関連ドキュメントの多くは英語で書かれているからです。しかし、英語に苦手意識を持つITエンジニアは少なくありません。

　本書は、そのIT英語のリーディングについて解説しています。本書を読むことによって、IT英語ドキュメントを読む際に求められる**基礎的なリーディングの知識**と**テクニック**を身に付けることができます。本書は、長文のサンプルをじっくりと大量に読んで基礎体力を鍛えるというよりも、**明日から役立つ技術を短期間で習得できる**内容となっています。

　本書ではまず、**リーディングに必要な4つの柱**について解説しています。その後、さまざまなドキュメント・タイプ（UI、使用許諾契約、APIリファレンス、仕様書、マニュアルなど）を取り上げ、**タイプごとの特徴**を説明しています。各タイプの特徴をつかんでおけば、楽に英文を読むことができるようになります。さらには**便利なツール**や**情報収集のテクニック**も紹介しています。

　対象読者として想定しているのは、これからキャリアを積みたい若いITエンジニア、将来IT業界を目指している大学生や大学院生、またはリーディングに苦手意識を持つ人たちです。

　私は翻訳者で、IT分野の英日・日英翻訳を専門にしています。同時に、ソフトウェア開発者として英語圏向けアプリの開発にも携わってきました。本書はそういった経験の中で得られた知識を詰め込んだものです。

　英語をスラスラと読めるようになるためには、ネイティブや帰国子女でなければならないと考える人もいるでしょう。しかし、私はどちらでも

ありません。日本で英語の読み書きを習得しました。リーディングは国内にいても十分伸ばすことができる力なのです。ぜひ本書を活用し、IT英語リーディングに必要な知識やテクニックを身に付けてください。

2017年8月　西野　竜太郎

CONTENTS

はじめに ……………………………………………………………………………… 003

読者特典のダウンロードについて ………………………………………………… 009

CHAPTER

0 IT英語との付き合い方

01 仕事中に英語で悩んだことはありませんか？ ……………………… 012

02 現代のITエンジニアに英語は必須 ………………………………… 014

   COLUMN email、e-mail？　website、web site？ ……………… 016

03 避けて通れないのが「リーディング」 ……………………………… 017

04 なぜ英語が読めるようにならないのか？ ………………………… 019

05 どうすれば読めるようになるのか？ ……………………………… 020

   COLUMN 情報処理技術者試験における英語 ……………………… 021

06 本書の構成 …………………………………………………………… 022

   COLUMN ローマ数字の読み方 ……………………………………… 023

   COLUMN 語源で単語を覚える ……………………………………… 024

CHAPTER 1 リーディングに必要な知識とテクニック

01 リーディングに必要な4つの柱 ………………………………………… 026
　COLUMN e.g.、i.e.って何の略？ ……………………………………………… 027
02 リーディングの基礎となる「語彙」 ……………………………………… 028
03 IT英語を読むために押さえておくべき「文法」…………………………… 030
04 文章全体の「ディスコース構造」に注目 ………………………………… 034
　COLUMN 単語は読みながら覚える ……………………………………………… 037
05 「専門知識」は日本語で仕入れておく…………………………………… 038
06 すばやく読むためのテクニック …………………………………………… 039

CHAPTER 2 仕事でよく見かけるドキュメントの読み方（1）
― 独特の表現に注意が必要なドキュメント ―

00 第2章、第3章の読み方 …………………………………………………… 044
01 UI ……………………………………………………………………………… 047
　― 命令、確認、指示、エラーを読み取る ―
02 コミット・メッセージ ………………………………………………………… 057
　― 主語を省略し、動詞を使って端的に表現 ―
03 APIリファレンス ……………………………………………………………… 063
　― メソッドは動詞で簡潔に説明 ―
04 使用許諾契約 ………………………………………………………………… 070
　― 法律文書の性質が強く、shallなどの表現が独特 ―
05 メール ………………………………………………………………………… 077
　― 頭語、本文、結語などから成る構成パターンがある ―
06 アプリのレビュー …………………………………………………………… 084
　― 評価とコメントから有益な情報を引き出す ―

CHAPTER 3 仕事でよく見かけるドキュメントの読み方（2）
― 情報量が多いので効率的に読みたいドキュメント ―

01 ニュース ··· 092
　― タイトルに注目して情報収集 ―

02 技術ブログ ··· 099
　― タイトルや見出しから内容を効率的に把握する ―

　COLUMN blogの語源 ··· 106

03 マニュアル ··· 107
　― 操作手順や見出しに使われる動詞を読み取る ―

　COLUMN Caution、Warning、Dangerはどう違う? ········· 114

04 仕様書 ··· 115
　― 目次で全体像を把握し、用語集で誤解を防ぐ ―

05 Q&Aサイト ··· 123
　― 何のQ&Aか質問タイトルから想像する ―

　COLUMN メールで使われる略語 ··································· 130

CHAPTER 4 英語ができない人のための必須ツール

01 基本となる英和辞典 ·· 132

02 英和辞典を使う際の注意点 ·· 136

　COLUMN Q&Aサイトで使われる略語 ···························· 137

03 さらに知りたいときに使う辞書 ·································· 138

04 ポップアップ辞書ツールを使って速読する ················· 141

05 語彙レベル・チェッカーで難易度を見積もる ··············· 146

CHAPTER 5 仕事に使える英語サイト情報収集術

01 Google検索で演算子を活用する ……………………………………… 150
02 的確な検索キーワードで情報を見つける ……………………………… 155
　　COLUMN 情報の質を投票数や共有数で判断する ……………………… 156
03 RSSリーダーで効率的に情報収集 …………………………………… 157
04 気になるキーワードはGoogleアラートで追跡 ……………………… 159
05 SNSでリアルタイムの情報を見つける ……………………………… 161

CHAPTER 6 ライティングとリスニングでも役立つテクニック

01 メールは構成パターンを使って書く …………………………………… 164
02 手順の説明は命令形とyouを使う ……………………………………… 168
　　COLUMN foo、barとは? ……………………………………………… 169
03 コミット・メッセージは書き始めの動詞をうまく選ぶ ……………… 170
04 機械翻訳ツールを上手に使って英文を書く …………………………… 172
05 字幕を活用して英語スピーチを聞き取る ……………………………… 176
06 いまさら人に聞けない読み方をGoogle翻訳で確認 ………………… 179
　　COLUMN 大きな数字の読み方 ………………………………………… 180

注 ……………………………………………………………………………… 181
参考文献 …………………………………………………………………… 183

● 読者特典のダウンロードについて

本書の読者特典として、「覚えておきたい特徴語と頻出N-gram表現」を提供しています。読者特典は、翔泳社のWebサイトから入手できます。

① 次のURLにアクセスしてください。

> http://www.shoeisha.co.jp/book/download/9784798149493

② サイトに記載されている内容に従ってダウンロードをしてください。なお、ダウンロードの際には本書に記載されたアクセスキーが必要です。

● 読者特典はPDFで提供しています。

読者特典ご利用上の注意

読者特典の提供を終了する場合は、終了の3か月前に、以下のURLにある「追加情報」でお知らせします。

http://www.shoeisha.co.jp/book/detail/9784798149493

ただし、やむを得ない事情により、通知をせずに読者特典の提供を終了することがあります。あらかじめご了承ください。

IT英語との付き合い方

エンジニアは、IT英語とどう付き合えばよいのでしょうか。
エンジニアを取り巻く現状やリーディングの
重要さを説明した後、
本書の全体構成を紹介します。

01 仕事中に英語で悩んだことはありませんか？

　ITエンジニアであれば、毎日のように英語に接しているのではないでしょうか。日々の業務の中で、このような経験をしたことはありませんか？

● 事例 1

> プログラミング中にメソッドのリファレンスを見たが、説明がシンプル過ぎる

> 開発者向け公式ガイドにアクセスすると、英語の長文が出てきた。どこから読めばよいかわからない……

> サンプル・コードがないかウェブ検索をすると、開発者向けQ&Aサイトが見つかった。しかし、英語表現がカジュアルで読みにくい……

● 事例 2

> IT業界の最新情報を収集しようと、海外の英語ニュース・サイトをRSSリーダーに登録した

> 毎朝記事が大量に表示され、とても消化しきれない……

> せめてタイトルだけでもさっと読んで概要を把握したい……

● 事例3

> 公開しているスマホ・アプリの使い方を尋ねる英語メールが海外ユーザーから届いた

> 内容は何となく読めた。しかし、うまく英語で返信が書けない……

> まず日本語で書いて日英の機械翻訳にかけてみたが、こちらの意図が伝わるのか不安……

　ほかにも、海外の技術者カンファレンス中継を見たが英語をほとんど聞き取れなかった、職場にいる海外出身者に英語で話しかけられたがうまく応答できなかったなど、**英語に関するさまざまな悩みがある**はずです。いったん苦手意識を抱いてしまうと英語から遠ざかり、それがさらに苦手意識を強くするという悪循環に陥りがちです。どこかでこの悪循環を断ち、英語と向き合わなければなりません。

02 現代のITエンジニアに英語は必須

　現代のITエンジニアにとって、**英語は避けて通れない関門**です。エンジニアが普段目にする一次資料や最新情報は英語で書かれているケースが多いでしょう。IT発展の中心地はアメリカです。アメリカから発信される情報は当然、英語です。今後もしばらくの間は、アメリカはITの中心地であり続けるはずです。つまり、**ITエンジニアにとって英語が必須であるという状況は続く**のです。苦手だから嵐が過ぎ去るのを待つというわけにはいきません。

　もちろん技術資料を日本語化する努力はされています。グーグル、アップル、マイクロソフトといった大企業は自社のウェブサイトに日本語の技術情報も掲載しています。しかし、あらゆる情報が即座に翻訳されるわけではありません。たとえば、図0-1を例にしてみましょう。

　図の左側のメニューを見ると、一部が日本語になっています。こういった記事は翻訳されており、日本語でも読めます。ところがサイト全体が翻訳されているわけではないため、未翻訳記事は英語の原文を読むしかありません。

　さらに、図0-2はマイクロソフトのサポート・サイトの記事です（2017年3月17日時点）。この記事は青い下線部分にあるように、英日の機械翻訳がされています。これなら日本語で読めるだろうと安心してはいけません。注意書きにもありますが、機械翻訳の品質はまだ十分ではありません。

　まずタイトルの「Visual Studio 開発の基礎を選択する方法は？」は、一見きちんとした日本語です。しかし、実は「選択する」の原文は「opt out」なので、英語と意味が違っています。次に、本文の手順1にある「のプ

図0-1　Android Developers のページ

出典：https://developer.android.com/training/basics/supporting-devices/languages.html

図0-2　マイクロソフトサポートのページ

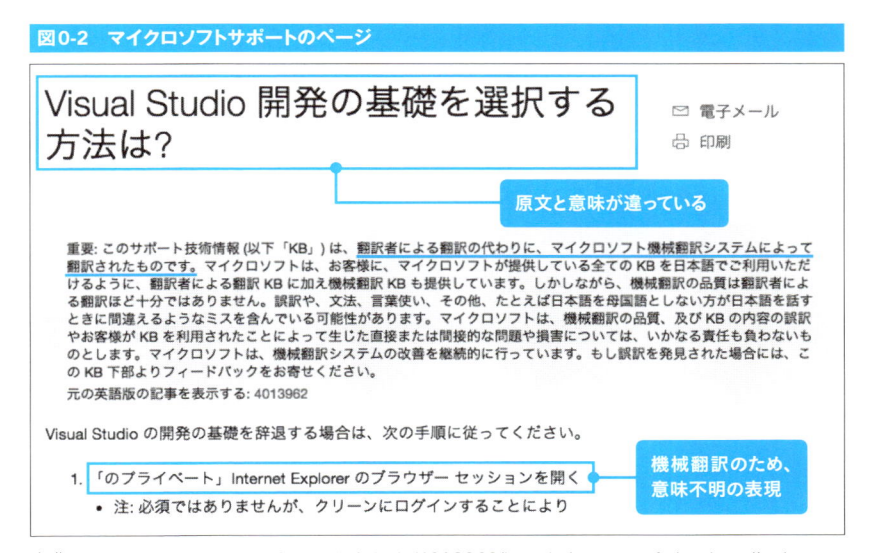

出典：https://support.microsoft.com/ja-jp/help/4013962/how-do-i-opt-out-of-visual-studio-dev-ess
entials

ライベート」とは何なのでしょうか？　これは、「InPrivate」という機能名です。

　このように、場合によっては英語原文を見て内容を確認する必要が出てきます。機械翻訳で言語の壁を乗り越えようとする努力はされているものの、現在ではまだまだ英語原文も読まなければならない状況なのです。

COLUMN email、e-mail?　website、web site?

　英語のメールは「email」（ハイフンなし）と「e-mail」（ハイフンあり）のどちらのスペルが正しいのでしょうか？　両方とも正しいとしている辞書も多いのですが、徐々に「email」が増えつつあるようです。

　では、「website」（1語）と「web site」（2語）はどうでしょうか？　筆者が以前調査したところ、ニュースの使用例では2001年時点で「web site」（2語）が多かったものの、2011年時点では「website」（1語）が逆転して多数派となっていました。実際のところ、AP通信のスタイルガイドでも「email」（ハイフンなし）と「website」（1語）を使っています。新しい言葉も時間が経過して広く受け入れられてくると、ハイフンが消えたり、1語でまとめて表記したりするのかもしれません。

アクセスキー　r

03 避けて通れないのが「リーディング」

ITエンジニアに必要な英語力とはどのようなものでしょうか。たとえばオンライン講座を受講したり、アメリカのIT企業で働いたりするには、リスニングやスピーキングなどのスキルを高めなければなりません。

しかし、日本のITエンジニアで、海外就職や英語プレゼンテーションまでする人はそう多くないのではないでしょうか。日本国内で働く限り、会話やスピーキングは必ずしも求められません。一方、海外や国内を問わず、**仕事に必要なのは「リーディング」**です。現在はインターネットが普及し、世界のどこにいてもウェブサイト経由で情報を入手して読む機会があります。先ほどのグーグルやマイクロソフトの技術者サイトがよい例です。そのため、どのエンジニアであっても、**リーディングはまず身に付けておくべきスキル**なのです。

誤解を招きたくないので補足しますが、リスニングやスピーキングが不要だといっているわけではありません。忙しく仕事をしていると、英語習得に割ける時間にも限りがあります。そのため優先順位を付ける必要があります。ですから、国内で働くエンジニアであれば、まずはリーディングから習得してはどうかという提案です。もちろん、余裕があるならリスニングやスピーキングのスキルも伸ばす努力をすべきでしょう。

ITエンジニアにとって英語のリーディングが重要であることを示す興味深いデータもあります。『IT人材白書 2011』(独立行政法人情報処理推進機構IT人材育成本部) の調査です。この調査ではIT企業に対してアンケートを実施し、情報系の教育機関に重視して欲しい教育内容を尋ねています。つまり、新卒で入社する若いIT人材に企業がどのような能力を求めているかという調査です。結果は図0-3にある通りです。

図0-3　『IT人材白書2011』の調査結果

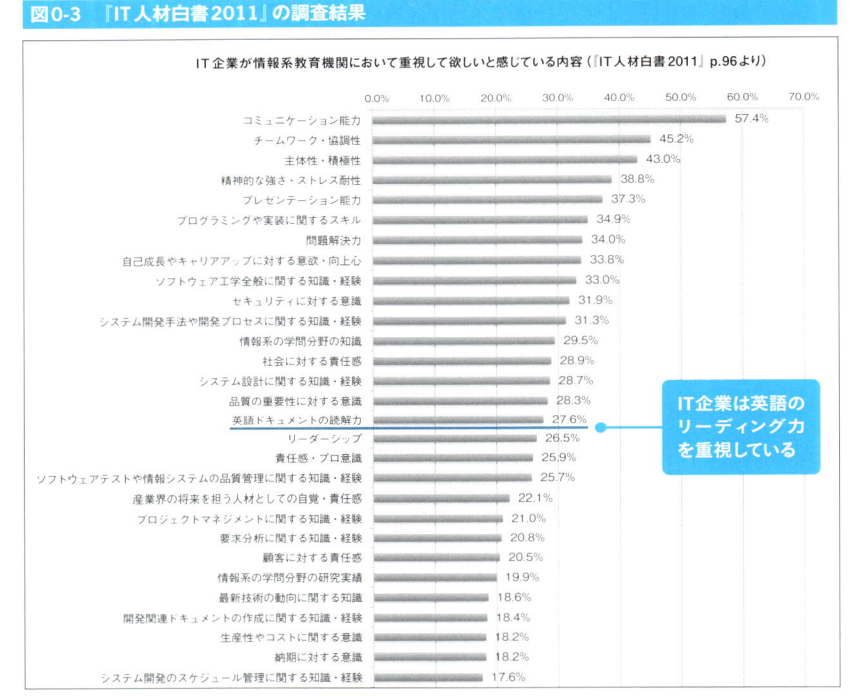

IT企業が情報系教育機関において重視して欲しいと感じている内容（『IT人材白書2011』p.96より）

- コミュニケーション能力　57.4%
- チームワーク・協調性　45.2%
- 主体性・積極性　43.0%
- 精神的な強さ・ストレス耐性　38.8%
- プレゼンテーション能力　37.3%
- プログラミングや実装に関するスキル　34.9%
- 問題解決力　34.0%
- 自己成長やキャリアアップに対する意欲・向上心　33.8%
- ソフトウェア工学全般に関する知識・経験　33.0%
- セキュリティに対する意識　31.9%
- システム開発手法や開発プロセスに関する知識・経験　31.3%
- 情報系の学問分野の知識　29.5%
- 社会に対する責任感　28.9%
- システム設計に関する知識・経験　28.7%
- 品質の重要性に対する意識　28.3%
- 英語ドキュメントの読解力　27.6%　→ IT企業は英語のリーディング力を重視している
- リーダーシップ　26.5%
- 責任感・プロ意識　25.9%
- ソフトウェアテストや情報システムの品質管理に関する知識・経験　25.7%
- 産業界の将来を担う人材としての自覚・責任感　22.1%
- プロジェクトマネジメントに関する知識・経験　21.0%
- 要求分析に関する知識・経験　20.8%
- 顧客に対する責任感　20.5%
- 情報系の学問分野の研究実績　19.9%
- 最新技術の動向に関する知識　18.6%
- 開発関連ドキュメントの作成に関する知識・経験　18.4%
- 生産性やコストに関する意識　18.2%
- 納期に対する意識　18.2%
- システム開発のスケジュール管理に関する知識・経験　17.6%

出典：https://www.ipa.go.jp/files/000023691.pdf

　図0-3を見ると、上位には「コミュニケーション能力」や「チームワーク・協調性」といった汎用的な社会人能力、さらに「プログラミングや実装に関するスキル」などIT関連スキルが並んでいます。IT人材に関する調査なので、この結果に不思議はないでしょう。

　ところが表の真ん中あたりまで見ていくと、何と「**英語ドキュメントの読解力**」という項目があります。これは、「リーダーシップ」や「責任感・プロ意識」、さらには「プロジェクトマネジメントに関する知識・経験」や「要求分析に関する知識・経験」といったIT関連スキルよりも上に来ています。意外にも上位という印象はありませんか？　英語ドキュメントを読めるのは基本的な能力であり、IT企業は若い人材にそれを求めているといえるでしょう。

04 なぜ英語が読めるように ならないのか？

　一般的な日本人であれば、遅くとも中学生から英語を勉強しているはずです。高校卒業までなら6年以上は勉強しているはずなのに、なぜIT英語のリーディングができるようにならないのでしょうか。

　さまざまな理由があると思いますが、まず**「必要に迫られていない」**という点が背景として挙げられるでしょう。たとえば前述のように、グーグルやマイクロソフトなどの米IT企業は日本語で技術情報を提供しようと努力していますし、日本語の技術書も数多く出版されています。また、困ったことがあったら日本語でウェブ検索すると解決方法が見つかることもよくあります。このため英語を読む必要に迫られるケースも多くなく、結果的に英語のリーディング力も伸びません（情報を母語で得られることは幸せではありますが……）。

　IT英語が読めるようにならないもう1つの大きな理由として、中学や高校で習ったりTOEIC対策などで勉強したりする**「英語」と「IT英語」が違う**ということが認識されていない点も挙げられます。たとえば皆さんは、日本語で書かれている契約書や医学論文を手に取ったらスラスラと読めるでしょうか？　おそらく難しいのではないかと思います。契約書や論文には、その分野特有の語彙や文章構成があり、慣れていないと日本語が母語であってもスラスラとは読めません。同様に「英語」ができたとしても、「IT英語」もすぐに読めるとは限らず、ある程度の訓練は必要なのです。まずは、「英語」と「IT英語」が別物であることを認識しましょう。

05 どうすれば読めるように なるのか?

　では、どうすればIT英語のリーディングができるようになるのでしょうか。

　まず、**地道に単語を覚えて語彙力を伸ばすこと**が挙げられます。第1章で述べる通り、語彙力はリーディング力と密接に関係しています。しかし、語彙力を身に付けるには時間もかかりますし、正直いって退屈です。

　ところで、私は翻訳を仕事にしています。その翻訳者の世界には、「辞書は金で買える実力」という言葉があります。翻訳者として活躍するには、単語や表現を1つずつ覚えて実力を付けることが重要です。しかし、数多くの単語や表現を習得するにはかなりの時間がかかります。もし、すでに先人がまとめてくれた道具があるのなら、それをおおいに活用しようという意味です。本来なら膨大な時間がかかるところを、ちょっとしたお金を払って「実力」がかさ上げされるのなら安いものです。IT英語も同様で、真のリーディング力を付けるには単語をコツコツ覚えるような地道な努力が間違いなく必要です。一方で、実力をかさ上げできるような方法も存在します。

　まず語彙力不足を補うのに使えるのが、辞書をはじめとする「**ツール**」です。また、すばやく読んだり効率的に情報収集したりする「**テクニック**」も身に付けておくと実務で役に立ちます。さらに、IT英語のドキュメントに特有の**文章構成を把握しておくこと**も有効です。たとえば、使用許諾契約や仕様書には独特の文章構成があり、それを理解しておくとリーディングが楽になります。そのような文章構成を、本書では「**ディスコース構造**」と呼んでいます。

　つまりディスコース構造を読み取りつつ、ツールやテクニックを活用

することで、より短い時間でリーディング力を押し上げられるのです。本書では、そのようなIT英語特有のディスコース構造、有用なテクニックやツール、さらには特徴的な語彙や表現を解説したり紹介したりしています。本書を読んで実践することで、IT英語のリーディング力はきっと高まるはずです。

図0-4　本書で伸ばせる力

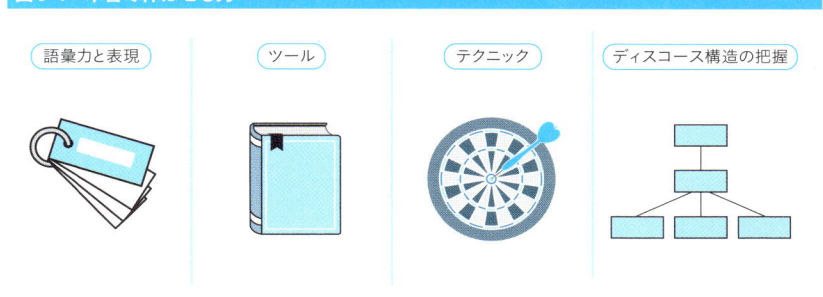

語彙力と表現　　　ツール　　　テクニック　　　ディスコース構造の把握

COLUMN 情報処理技術者試験における英語

　実は、かつての「情報処理技術者試験」には英語の問題も出題されていました。たとえば第二種情報処理技術者試験（現在の基本情報技術者試験）では、高校卒業程度の難易度で、穴埋めや長文読解といった形式の問題が出されていたのです。昔もITエンジニアにとって英語は重要だったのです。しかし残念ながら（?）、1994年の試験制度改定時に出題されなくなりました。とはいっても、英語の重要性が薄れたわけではありません。現在では20数年前に比べてインターネットも普及し、英語に触れる機会はさらに増えているはずです。

06　本書の構成

　本書の第1章では、**リーディングに必要な知識とテクニック**について解説しています。まずリーディングに必要な4つの柱（語彙、文法、ディスコース構造、専門知識）をそれぞれ説明した後、すばやく読むためのテクニックを紹介します。

　続く第2章と第3章は本書で大きな割合を占めています。**ITエンジニアが仕事中に読むであろうドキュメント**を11のタイプ（UI、APIリファレンス、使用許諾契約、ニュース、マニュアルなど）に分けて取り上げています。各ドキュメント・タイプでは、語彙難度と語彙多様性、ディスコース構造などの解説、特徴語などを取り上げています。これらの章を読むことで、IT英語にはさまざまなタイプがあることを把握した上で、それぞれを読むのに必要なコツを理解できるはずです。

　第4章では、**英語を苦手としている人にとって便利なツール**を紹介します。さまざまな辞書（英和、英英など）やポップアップ辞書など、英語リーディングが楽になる道具をいくつか紹介しています。ツールを活用して実力をかさ上げしましょう。

　第5章では**英語の情報をうまく見つけるコツ**について解説します。Google検索の高度な使い方、RSSリーダーの使い方、Googleアラートの活用方法などを紹介しています。効率的に情報収集できれば、英語リーディングが実りあるものになるはずです。

　本書はリーディングを中心としていますが、第6章で若干ライティングやリスニングにも触れています。リーディングで得た力は、これらにも応用できると考えるからです。第6章で取り上げるのは、**仕事ですぐに役立つライティングやリスニングのテクニックばかり**です。併せて習得を

目指してください。

　最後に読者特典として、「覚えておきたい特徴語と頻出N-gram表現」をダウンロードで提供しています。第2章、第3章で取り上げた特徴語とN-gram表現について、例文と解説付きでまとめてあります。各ドキュメント・タイプに頻出する単語や表現を習得したい場合は、この読者特典を活用してください。覚えておくとIT英語のリーディングが楽になるものばかりです。ダウンロードの仕方は009ページにありますので、そちらを参照してください。

COLUMN ローマ数字の読み方

　ドキュメントを読んでいると、数字がアルファベットで書かれていることがあります。たとえば、ページ番号が「ii」や「iv」、章番号が「VII」や「IX」といった具合です。この書き方はローマ数字と呼ばれます。

　ローマ数字では、アルファベットのI（またはi）は1、V（またはv）は5、X（またはx）は10を表します。これらを左から右に並べ、足し合わせることで数を表現します。たとえば「II」の場合は2、「VII」の場合は7（5＋1＋1）、「XX」の場合は20（10＋10）を表します。しかし、4の場合は「IIII」とするのではなく、V（5）の左側にIを置いて引き算をします（5－1）。つまり、「IV」が4となります。同様に9もX（10）の左にIを置き、1を引くことで表現します（10－1）。つまり「IX」が9です。

　さらに大きな数の場合、50にL、100にC、500にD、1000にMが用いられます。しかし、実際にはI、V、Xの意味と、4と9の表現方法を覚えておけば十分でしょう。以下に1〜20を順番に記しておきます。ちなみにゼロはありません。

I、II、III、IV、V、VI、VII、VIII、IX、X、XI、XII、XIII、XIV、XV、XVI、XVII、XVIII、XIX、XX

COLUMN 語源で単語を覚える

　漢字の読み方を知らなくても、魚へんであれば魚が関係し（例：鰆、鰤）、草かんむりであれば植物が関係している（例：葦、芒）と想像できます。同様に、英語でも単語を知らなくても意味を推測できることがあります。語源で考えるという方法です。例として、単語の頭に付く接頭辞の意味をいくつか紹介します。

- pre-：「前に」の意味　例 preallocate（事前割り当てする）、predefined（事前定義された）
- re-：「再び」の意味　例 reboot（再起動する）、recalculate（再計算する）
- in-：（1）否定　例 inaccessible（アクセス不可能な）、invalid（無効な）、（2）「中に」の意味　例 include（含める）、incoming（入ってくる。「着信」は incoming call）
- ex-：「外に」の意味　例 exclude（除外する）、extract（抽出する。外に引き出すという意味）
- sub-：「下に」の意味　例 subdirectory（下位ディレクトリー）、subcontractor（下請け業者）
- de–：否定　例 deactivate（非アクティブ化）、debug（デバッグ。バグを切り離すという意味）。de- は「強調」や「下に」の意味で使われることも
- dis-：否定　例 disable（無効にする）、disconnect（切断する）

　接頭辞以外にも、語末に付く接尾辞もあります。たとえば、「–ment」や「–tion」は、語を名詞化する接尾辞です。ほかにも意味の推測に役立つ語源は数多くあります。英和辞典で単語を調べると、語源を説明していることがあります。多くはラテン語やギリシャ語が由来です。語彙を増やしたい場合は語源に注目してみてください。

CHAPTER

1

リーディングに必要な
知識とテクニック

本章では、リーディングに必要な
知識とテクニックについて解説します。
まずリーディングにおける4つの柱
（語彙、文法、ディスコース構造、専門知識）を取り上げます。
その後、スラッシュ・リーディングなど、
すばやく読むためのテクニックについて紹介します。
本章でリーディングの基本を把握しましょう。

01 リーディングに必要な4つの柱

　そもそも英語を読むためには、何を知っておかなければならないのでしょうか。英語リーディングに必要な知識とは何か、ということです。リーディング研究[注1-1]を参照すると、大きく分けて「**言語知識**」と「**背景知識**」が必要だと考えられています。

　言語知識とは、文字通り言葉に関する知識です。具体的には、「**語彙**」と「**文法**」を指します。当然ながら、英語に使われている語彙（英単語）を知らなければ意味は理解できません。また、そういった語彙がどのようなルール（文法）で組み立てられているのかを知らないと、誤読してしまいます。

　背景知識には、2つの種類があります。1つめは、「**ディスコース構造**」に関する知識です。ディスコースとは、簡単にいうと一文一文が集まってできる文章のことです。文が集まると独特のパターンを形成することがあります。そのパターンはドキュメントの種類によって異なります。たとえばビジネス電子メールでは、「お世話になっております」という頭語、本文、「よろしくお願いいたします」という結語といったパターンが一般的です。学術論文でも、序論、方法、結果、考察、結論のようなパターンが用いられます。このような各種ドキュメントに特有の構成パターンが「ディスコース構造」なのです。ディスコース構造を知っていると、文書全体の意味の把握に役立ちます。

　背景知識の2つめとして「**専門知識**」があります。これは、ドキュメントの内容について知っているかということです。たとえば、IPv6に関する英語ニュース記事があったとします。ネットワーク関連の知識を持っている人であれば記事は理解しやすいかもしれません。一方、ネットワー

クについて知らない人であれば、読んでもよくわからない可能性があります。専門知識があるかないかで、読んだときの理解度が違ってくるのです。

　ここまでの説明を表1-1にまとめました。つまりリーディングには、語彙、文法、ディスコース構造、専門知識という4つの柱が必要になるわけです。次節から、それぞれについてもう少し詳しく解説します。

表1-1 ● リーディングに必要な4つの柱

言語知識		背景知識	
語彙	どれだけ英単語を知っているか ●02参照	ディスコース構造	各種ドキュメントに特有の構成パターン ●04参照
文法	文を組み立てるルールの知識 ●03参照	専門知識	ドキュメントの内容について知っているか ●05参照

COLUMN e.g.、i.e.って何の略?

　英文を読んでいる最中に「e.g.」や「i.e.」という言葉に遭遇した方もいるでしょう。e.g.は「exempli gratia」、i.e.は「id est」の略です。

　実はこれ、英語ではなくラテン語なのです。e.g.は「たとえば」、i.e.は「すなわち、つまり」の意味です。仕様書や使用許諾契約書のような硬めのドキュメントで使われることがあります。これら以外のラテン語では「etc.」(エトセトラ。et ceteraの略) もよく見かけます。「その他」の意味です。しかし、私たちの日常生活で最もなじみがあるのは、午前を表す「a.m.」と午後を表す「p.m.」でしょう。a.m.は「ante meridiem」、p.m.は「post meridiem」です。meridiemはラテン語で正午のことです。

02 リーディングの基礎となる「語彙」

　前節で紹介した4つの柱のうち、リーディングに強く影響するとされるのが**語彙**です。ある研究によると、読解力の約3分の2は語彙知識から説明できるそうです[注1-2]。残りの3分の1が文法やディスコース構造といった知識です。語彙知識がいかにリーディングで重要な地位を占めているのかがわかります。多くの英単語を覚えていると、読むのが楽になるわけです。

　では、どのくらいの語彙があると楽に読めるのでしょうか。一般的な英語をスムーズに読むには、あるドキュメント内の総語数のうち95%以上をカバーできていればよいとされますが、これには約10,000語（辞書の見出し数）の語彙が必要だといわれています[注1-3]。ところが、日本で学校教育を受けても10,000語には到達しません。たとえば文部科学省の学習指導要領によると、高校卒業までに指導するのは3,000語程度となっています。3,000語でカバーできるのは一般的な英語の70〜80%程度です。高校卒業までにがんばって英語を勉強した人でも、残念ながらスムーズに英文を読めるまでには至らないのです。

　それでは、このギャップをどう埋めればよいのでしょうか。当然ながら、まず「英単語を覚える」ことが挙げられます。覚える数は多ければ多いほどよいのですが、ただむやみに覚えようとすると時間ばかりかかります。そのため、特に**自分が読む種類のドキュメントで頻出する単語を覚えておく**と効果的です。実際のところ、IT分野でよく使われる英単語は限られています。本書の第2章と第3章では、さまざまな種類のIT関連ドキュメントに登場する特徴語を紹介しています。こういった特徴語を優先的に習得しておけば、より効率的かつスムーズに読めるようになるはずです。

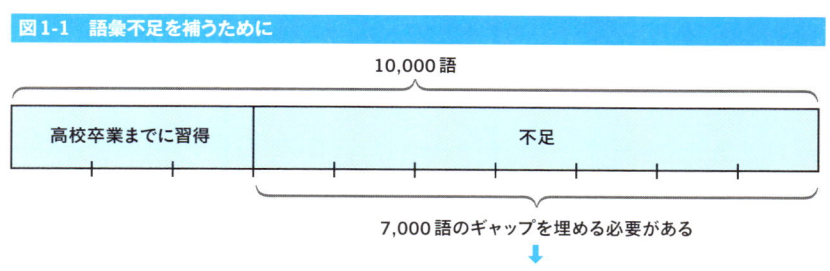

図1-1　語彙不足を補うために

10,000語

| 高校卒業までに習得 | 不足 |

7,000語のギャップを埋める必要がある

- 自分が読む種類のドキュメントに頻出する単語を覚える
- 辞書の助けを借りる

　次に、「**辞書の助けを借りる**」ということです。知らない単語があれば辞書を引くのは当然ですが、面倒なものです。少し読んでは辞書を引き、また少し読んでは辞書を引くという作業の繰り返しはうんざりしますし、英語が嫌いになる一因かもしれません。こういったケースでは、テクノロジーを活用しましょう。第4章では、辞書をすばやく引くためのツールを紹介しています。ブラウザー上の英単語をクリックするだけで訳語がポップアップ表示されるツールです。

アクセスキー　**T**

03 IT英語を読むために 押さえておくべき「文法」

リーディングに必要な2つめの柱は**英文法**です。英文法にどのような印象を持っていますか？　副詞や関係詞といった文法用語に拒否反応を示す人もいれば、ルールがあるので取り組みやすいと感じる人もいるかもしれません。その英文法のルールが対象としているのは、基本的に「文」です。文は1〜数語から成り、あるまとまった意味を表します。通常はピリオド（.）、疑問符（?）、感嘆符（!）のいずれかで終わります。1つの文をじっくり読み、その意味を理解するために英文法の知識は欠かせません。

しかし、英文法はきちんと解説しようとすると、それだけで本1冊分になってしまいます。基本的な文法はすでに知っている方も多いでしょう。そのため、ここでは一般の文法書では詳しく取り上げられないものの、IT英語を読むために押さえておいて欲しい文法をいくつかピックアップして説明します。

● 語、句、節、文というレベルがある

前述の通り、文法が対象としているのは文です。そのため、最大の単位は「**文**」になります。逆に最も小さい単位は「**語**」です[注1-4]。最も小さい「語」から最も大きい「文」の間には、「**句**」と「**節**」という単位があります。つまり小さいほうから語、句、節、文という順番になります。次の例文を使いながら、語、句、節を説明します。

First, you upload a new file that you created locally to the server.
（まず、ローカルで作成した新しいファイルをサーバーにアップロードします。）

✚ 語：単語のことで、名詞、動詞、形容詞、副詞、冠詞、前置詞などの種類（品詞）がある

例文で「file」と「server」は名詞、「upload」と「created」は動詞、「new」は形容詞、「First」と「locally」は副詞、「a」と「the」は冠詞、「to」は前置詞です。

✚ 句：複数の語が集まり、ある品詞と同じ働きをするもの

例文で「a new file」は３語で名詞と同じ働きをする「名詞句」、「to the server」は３語で副詞と同じ働きをする「副詞句」です。

✚ 節：複数の語が集まって文の構成要素となっており、内部に「主語＋述語」を含むもの

例文で「that you created locally」（内部に主語you＋述語created を含む）は、名詞file を修飾する「形容詞節」かつ「従属節」です。

　ここで重要なのは、語と文との間に「句」と「節」というレベルがあり、どちらも数語が集まって１つのかたまりを形成している点です。後の06にスラッシュ・リーディングというテクニックが登場します。スラッシュ・リーディングでは、この句や節というかたまりを目安にして区切って読んでいきます。

● 文脈上わかる言葉は省略される

　IT英語では、「**省略**」が頻繁に発生します。省略は文法書の最後のほうに小さく載っている程度なので、聞いたことのない人も多いでしょう。省略とは、文法上は本来必要とされる語や句を省くことを指します。なぜ必要なものを省略できるかというと、「文脈」（周囲の状況）から何を指しているかわかるからです。たとえば、「Cannot access the website.」というエラー・メッセージです。ここではcannotの前の主語が省略されていますが、分脈から「You」や「The web browser」といった言葉があるはずだと推測できます。よく省略されるのは、主語、動詞（助動詞）、冠詞、目的語などです。いくつか例を示します。

表1-2　省略される言葉の例		
Network unavailable.	➡	冠詞Theと動詞isが省略
Open it anyway?	➡	主語＋助動詞の「Do you」が省略
Modify page layout.	➡	主語＋助動詞の「This commit will」が省略
Delete from my phone	➡	目的語itが省略

　こういった省略は、簡潔な記述が望ましいUI（ユーザー・インターフェイス）やコミット・メッセージでよく見られます。文法的に不完全な文を目にしたら、言葉が省略されていることも疑いましょう。

● 説明や手順の導入に使われるコロン

　日本語の句読点ではコロン（:）は使われません。そのため、何の役割を果たしているのかよくわからないこともあるでしょう。IT英語の場合、**コロンは説明や手順の導入に使われる**ケースが多くなっています。つまり、

コロンの後には説明、手順、例示、選択肢などが記述されるということです。コロンの後に続くのは語句の場合も文の場合もあります。

表1-3　コロンの後に続く言葉の例

Error: No items were found.	➡	コロンの後にエラーの内容説明
Choose one of the following: 　- 1M pixels 　- 3M pixels 　- 5M pixels	➡	コロンの後に選択肢を提示
To add an item to the list: 　1. Click the item you want to add. 　2. From the Edit menu, choose 　　"Add to list".	➡	コロンの後に手順を紹介

　コロンを使うと簡潔に説明できるため、マニュアルや仕様書などさまざまなIT関連ドキュメントで好んで使われます。

　ちなみにコロンに似た形のセミコロン（;）は、カンマ（,）よりも大きなレベルの区切りに使われます。たとえば、「A; B; c, d, e, and f; and G」です。つまりコロンで区切られた「c, d, e, and f」が下位の1グループを形成し、それよりも大きな「A」と「B」と「c, d, e, and f」と「G」がセミコロンで区切られています。セミコロンは使用許諾契約書のような法律関係のドキュメントで用いられることがあります。

04 文章全体の「ディスコース構造」に注目

　３つめのリーディングの柱は、「**ディスコース構造**」です。ディスコースとは文が集まった文章のことです。前述の通り、文法は基本的に「文」までしか扱いません。複数の文から構成されるディスコースは、実は文法の対象ではないのです。つまり、英文法を習得してもディスコースまでスムーズに解釈できるとは限りません。リーディングでは、一文単位で解釈できる英文法の知識に加え、文が集まったディスコースを解釈できる知識も必要になるのです。

　ディスコース構造は、ドキュメントの種類によって異なります。01でビジネス電子メールや学術論文の例を挙げました。ビジネス電子メールには「頭語、本文、結語」といった構造、学術論文には「序論、方法、結果、考察、結論」といった構造が頻繁に見られます。本書の第２章と第３章でも、IT関連ドキュメントにたびたび見られるディスコース構造があれば紹介しています。ただし、メールや論文のようにきっちりとした構造があるケースはそれほど多くありません。たとえば、ブログ記事に共通のディスコース構造を見つけるのは困難でしょう。

　そういった場合であっても、ディスコースを読み解くヒントはあります。ニュース記事や仕様書のようなドキュメントは、「**ディスコース・マーカー**」を手がかりにすると読みやすくなります。ディスコース・マーカーは文章展開に使われる言葉で、逆接の「however」や言い換えの「in other words」などのことです。ディスコース・マーカーに注目することでディスコースの流れを把握できるのです。種類別にいくつか挙げてみます。

⊕ A. 手順／列挙

操作手順を説明したり、複数の項目を挙げたりするときに用いる。

- まず、第一に： first
- 第二に／第三に： second ／ third
- 次に： then、next
- 最後に： finally

例 First, click the Download button.

Then (Second), open the file.

Finally, edit the content.

⊕ B. 強調

書き手が特にいいたい部分を示す場合に用いる。

- 実は、実際のところ： in fact、actually
- 特に、とりわけ： specifically、especially、particularly
- とにかく： anyway

例 In fact, the company has already launched the service.

⊕ C. 追加

情報を付け加える場合に用いる。

- また： also
- 加えて： in addition、besides
- ～だけではなく…も： not only ～ but also …
- 他方： on the other hand

例 Also, we add a new function.

⊕ D. 逆接

先に述べたことと反対の内容を示すときに用いる。

- しかし： but、however
- 〜だが…： although 〜, …、though 〜, …
- 仮に〜であっても…： even if 〜, …

例 However, it does not work.

⊕ E. 例示

例を挙げるときに用いる。

- たとえば： for example、for instance、such as、e.g.
- 〜も含め： including 〜

例 Graphic file such as JPEG, GIF, and TIFF

⊕ F. 言い換え

先に述べたことを別の表現で述べる際に用いる。

- 言い換えると： in other words
- すなわち： namely、i.e.、or

例 In other words, data may be lost.

⊕ G. 理由

書かれている内容の理由や根拠を示すときに用いる。

- 〜なので： because 〜、since 〜、as 〜
- 〜のため： because of 〜、due to 〜

例 Download failed because of server error.

⊕ H. 結論／結果

それまで述べてきたことの結論や結果を示す場合に用いる。

- それゆえ、したがって： so、therefore、thus
- その結果、したがって： as a result、consequently

- 要するに： in summary、in short

例 As a result, the file is no longer available.

このようなディスコース・マーカーを手がかりにすると、ディスコースの構造や流れを把握できるようになります。

COLUMN 単語は読みながら覚える

英語ドキュメントを読むには豊富な語彙が必要です。それには、英単語を覚える努力が欠かせません。本書の第2章と第3章でもIT分野に頻出の英単語を紹介しています。

しかし、「十分な数の単語を習得するまで、生の英語ドキュメントは読まない」と考える人がいたら本末転倒です。単語を覚えるのは、あくまでスムーズに読むための手段です。知らない単語が多くても、生の英語ドキュメントをどんどん読むチャレンジをしましょう。単語は読む過程で覚えればよいのです。知らない単語があったら辞書を引いて覚える努力をします。忘れてしまったらまた調べましょう。「ああ、確かこの単語は前に調べたはずなのに……」という経験を繰り返すうちに自然に覚えていきます。生の英語ドキュメントを読んでいる最中に何度も遭遇する単語こそ、自分が習得すべき単語なのです。

05 「専門知識」は日本語で仕入れておく

　リーディングの最後の柱は**専門知識**です。英語ドキュメントを読む際、その内容に関する背景知識があると理解が進みます。IT関連ドキュメントであれば、当然、IT分野の専門知識です。専門知識を活用すれば、ドキュメント内に知らない単語や表現が出現したとしても、「おそらくこういうことをいっているんだな……」という想像が働きます。

　こういった専門知識は英語で習得する必要はありません。日本語が母語の場合、日頃から日本語で専門知識を仕入れておけばよいのです。たとえば、基礎的なIT知識は大学の講義を受けたり、基本情報技術者試験などの資格試験の勉強をしたりすることで身に付くでしょう。時事的な知識は雑誌記事を読んだり、ウェブ上のITニュースやブログに目を通したりしておけばよいでしょう。日本語であっても専門知識を身に付けておけば、英語ドキュメントを理解する助けになるのです。

06 すばやく読むためのテクニック

　ここまでリーディングに必要な4つの柱が何かを説明しました。次に、英語ドキュメントをすばやく、かつ効率的に読むために必要なテクニックを4つ紹介します。**英語語順での理解**、**スラッシュ・リーディング**、**スキャニング**、そして**スキミング**です。

● 脳内で日本語に訳さず、英語の語順で理解する

　英文を読む際、脳内で日本語に翻訳してしまうと、余計な時間がかかります。たとえば、「I have read the magazine that I bought yesterday at the convenience store.」を日本語にすると、「私はコンビニで昨日買った雑誌を読んだ」です。英語では「at the convenience store」が末尾にあるのに、日本語では途中にあります。また、英語では「the magazine that I bought yesterday」と、関係詞thatを使って「magazine」を後ろから修飾しているのに、日本語では「昨日買った雑誌」と「雑誌」を前から修飾しています。このように、英語を日本語に翻訳すると語順が変わって後戻りが発生します。この後戻りで読む時間がかかってしまうのです。

　そのため、脳内で日本語の語順に直すのは止めましょう。たとえば上記の例文の場合、「私は雑誌を読んだ。それは私が昨日買った。コンビニで」のように**英語の語順のまま理解する**のです。日本語としては変なので、慣れない間はうまく意味を把握できないかもしれません。しかし後戻りしないで読む練習を重ねると、違和感を覚えることなく英語の語順で理解できるようになるはずです。

▶ 数語単位で意味を把握して読む

　1語ずつ解釈するより、**数語単位で意味を把握する**とすばやく読めます。数語をスラッシュで区切るため「**スラッシュ・リーディング**」とも呼ばれます。読んでいる最中に実際にスラッシュ（ / ）を書き込んでもよいですし、頭の中で区切っても構いません。数語単位に分割することで長い文でも理解しやすくなります。先ほど示した例文の場合、たとえば次のように区切ります。

I have read the magazine / that I bought yesterday / at the convenience store.
（私は雑誌を読んだ / それは私が昨日買った / コンビニで）

　区切る位置に特に決まりはありません。意味を捉えるなら03で説明した「句」や「節」で区切るとよいでしょう。ただし、どこが句や節かを悩みながら読むのは面倒です。そのため、句を作りやすい「前置詞」（at、from、in、toなど）、節を作りやすい「関係詞」（that、where、which、who、whoseなど）や「接続詞」（and、or、but、if、whether、when、becauseなど）を目安にして区切ってみてください。

　このスラッシュ・リーディングは前述した「英語の語順で理解する」のにも役立ちます。つまり、数語単位に区切って意味を把握しながら、その順番に読んで理解するのです。慣れるまでにある程度の練習が必要ですが、できるようになればすばやく効率的に英文を読めるようになります。

　第2章と第3章の SAMPLE には、「 ✔CHALLENGE 」というスラッシュ・リーディングに挑戦する項目があります。そこで練習してみてください。

▶ 欲しい情報だけを狙って読む

「**スキャニング**」というリーディング・テクニックがあります。これは、**ドキュメント全体から自分が欲しい情報だけを狙って読む方法**です。欲しい情報が見つかるまではざっと読み飛ばし、求める情報が書かれている場所に到達したらじっくり読みます。

これは特別な方法ではなく、普段誰でも無意識に実践しています。たとえばプログラミング時に、あるメソッドの使い方を知りたい場合、APIリファレンス全部ではなく、そのメソッドが解説されている部分だけを探して読むでしょう。ところが英語ドキュメントを目にすると身構えてしまい、隅から隅までじっくり読まなければならないと考えてしまう人がいます。そのようなことはありません。日本語を読むのと同様に、英語ドキュメントも必要な部分だけを読んでもよいのです。

ウェブ上の英語ドキュメントを読んでいる場合、ウェブ・ブラウザーの「ページ内検索」を使うとスキャニングが楽になります。自分が欲しい情報に関するキーワードを入れてページ内を検索します。キーワードがヒットしたらそのあたりを読みます。うまくスキャニングができるようになると、効率的なリーディングや情報収集が可能になります。

▶ 要点だけを押さえて読む

ドキュメント全体の要点だけを押さえて読むことを「**スキミング**」といいます。スキミングをすることで、ドキュメントの大意を短時間で把握できます。たとえばニュース記事では、一般的にタイトルに要点が凝縮されています。親切なニュース記事には「まとめ」が書かれていることもあります。また、仕様書やマニュアルでも、目次にある章や項のタイトルを読むと要点を知ることができます。

　タイトルや目次があれば大意の把握も容易なのですが、そのような手がかりがないこともあります。そうしたときに役立つのが04で紹介したディスコース・マーカーです。たとえば、「結論／結果」を示すディスコース・マーカー（例：therefore、in summary）があれば、そこに重要な情報が書かれていることが予想できます。また、「強調」（例：actually、especially）や「言い換え」（例：in other words、i.e.）を示すディスコース・マーカーの後にも筆者の主張が述べられていることがあります。要点を把握するにはディスコース・マーカーに注目してみてください。

図1-2　すばやく読むための4つの方法

❶ 英語の語順で理解する

❷ スラッシュ・リーディング

❸ スキャニング

❹ スキミング

アクセスキー　**8**

仕事でよく見かける
ドキュメントの読み方(1)
―独特の表現に注意が必要なドキュメント―

本章では、学校で習う英語とは違う独特の表現で書かれる
IT英語ドキュメントを取り上げています。
UI、コミット・メッセージ、APIリファレンス、
使用許諾契約、メール、アプリのレビューです。
独特な表現のIT英語を読むコツを習得しましょう。

00 第２章、第３章の読み方

　本書の第２章、第３章では、仕事でよく見かけるドキュメントの読み方について取り上げています。執筆に当たってドキュメント・タイプごとに数万～数十万語の言語データ（コーパス）を収集して分析を加えています。第２章、第３章は、次のセクションから構成されています。

SAMPLE

　解説なしの生の英文です。全体を見通しやすいようにシンプルな文章にしてあります。

　「 **✓CHALLENGE** 」の波下線では、第１章で解説したスラッシュ・リーディングの練習をしてみましょう。

解 説

　英文サンプルの解説です。❶のような数字は、「語彙・表現解説」の番号に対応しています。吹き出しの【ア】などの記号は、「ドキュメント・タイプの特徴」内で参照しています。また、スラッシュ・リーディングの練習である「 **✓CHALLENGE** 」の解答例も記載されています。ただし、例であって、唯一の正解というわけではありません。

和 訳

　英文サンプルの和訳です。日本語で内容を確認したい場合に読みます。

●ドキュメント・タイプの特徴

そのドキュメント・タイプの特徴を解説しています。各見出しは「 🔎 POINT 」に対応しています。また、【ア】などの記号は「解説」の吹き出しに対応しています。

🔎 POINT

そのドキュメント・タイプで重要となるポイントを簡潔にまとめています。

📖 語彙・表現解説

英文サンプルに登場する語彙や表現で、それぞれが「解説」内にある番号に対応しています。

💡 特徴語

新聞記事や小説といった一般的な書き言葉の英語との比較で、そのドキュメント・タイプに多く出現する言葉です。特徴語を重点的に習得しておくと、そのドキュメント・タイプのリーディングは楽になります。例文や解説は、読者特典のPDF「覚えておきたい特徴語と頻出N-gram表現」を参照してください。

⚙ 頻出N-gram表現

N-gramとはN語（3〜5語程度）の連なりから成る言語表現のことです。あるドキュメント・タイプでよく出現するN-gram表現を把握しておくと、辞書を引く時間を削減できるので効率的にリーディングできます。例文や解説は、読者特典のPDF「覚えておきたい特徴語と頻出N-gram表現」を参照してください。

 PRACTICE

　ドキュメント・タイプで典型的と思われる英文です。読む練習をしてみましょう。和訳をすぐ下に示しています。

　また各節の冒頭では、ドキュメント・タイプごとの「語彙難度」と「語彙多様性」を表示しています。

語彙難度

　「そのドキュメント・タイプで難しい単語がどのくらいの割合を占めているか」[注2-1] で算出しています。一般的な書き言葉の英語との比較で3段階評価しており、★が多いと学校で習わないような難しい単語を多く知っておかなければならないという意味です。

　　★☆☆：やさしい　　　★★☆：一般英語と同程度　　　★★★：難しい

語彙多様性

　「そのドキュメント・タイプでどのくらい多様な語が使われているか」[注2-2] で算出しています。同じ語が繰り返し出現する（画一的である）と多様性は低くなります。一般的な書き言葉の英語との比較で3段階評価しており、★が多いとさまざまな語を知っておかなければならないという意味です。

　　★☆☆：画一的　　　★★☆：やや画一的　　　★★★：多様

　語彙難度も語彙多様性も、★が少なければリーディング時の負担が小さく、★が多いとリーディングで苦労するといえます。ただし、リーディングの難しさは語彙だけでは決まりません。たとえば、一文が長かったり係り受けが複雑だったりすると読みにくくなります。

01 UI
命令、確認、指示、エラーを読み取る

SAMPLE 1 ラベル（メニュー、ボタンなど）

a. Internet Explorer 11の Fileメニュー

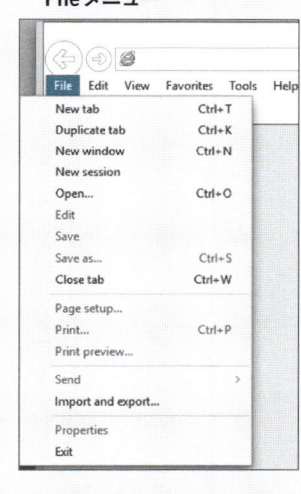

b. Internet Explorer 11のInternet Options

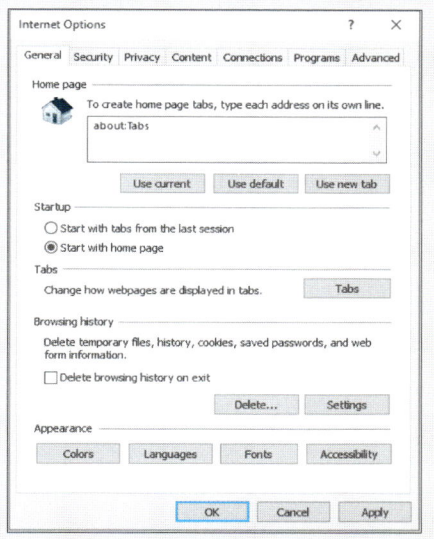

SAMPLE 2 メッセージ

c. AndroidのGoogle Settings

Can't show nearby links

Bluetooth and Location need to be turned on to show links to apps or websites from things nearby.

TURN ON

LEARN MORE

d. Android の Google Play

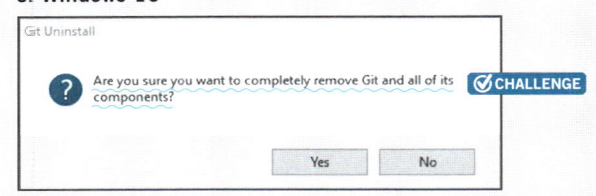

e. Windows 10

解 説 1

a. Internet Explorer 11のFileメニュー

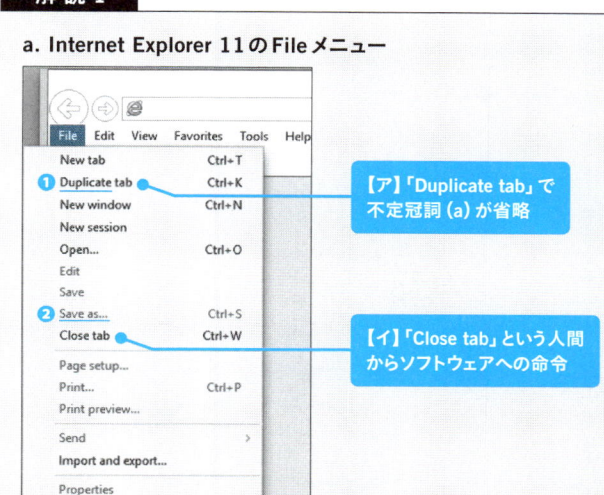

【ア】「Duplicate tab」で
不定冠詞(a)が省略

【イ】「Close tab」という人間
からソフトウェアへの命令

b. Internet Explorer 11のInternet Options

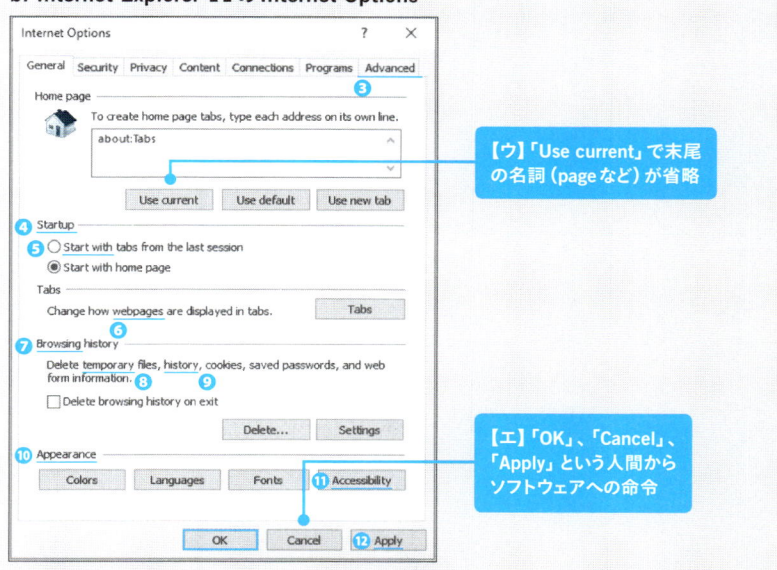

【ウ】「Use current」で末尾
の名詞(pageなど)が省略

【エ】「OK」、「Cancel」、
「Apply」という人間から
ソフトウェアへの命令

解説 2

c. Android の Google Settings

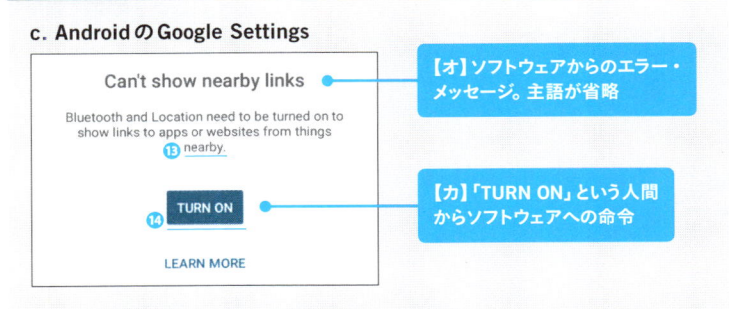

【オ】ソフトウェアからのエラー・メッセージ。主語が省略

【カ】「TURN ON」という人間からソフトウェアへの命令

d. Android の Google Play

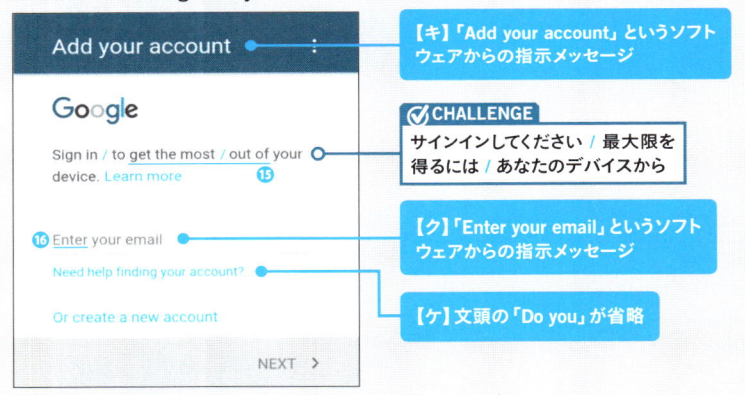

【キ】「Add your account」というソフトウェアからの指示メッセージ

☑CHALLENGE
サインインしてください / 最大限を得るには / あなたのデバイスから

【ク】「Enter your email」というソフトウェアからの指示メッセージ

【ケ】文頭の「Do you」が省略

e. Windows 10

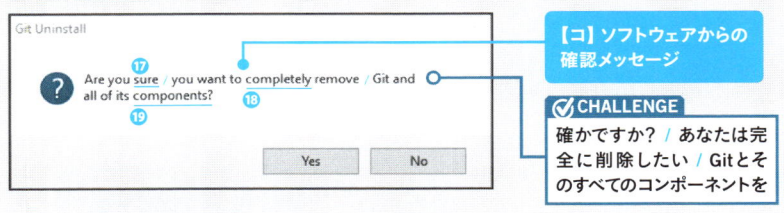

【コ】ソフトウェアからの確認メッセージ

☑CHALLENGE
確かですか？ / あなたは完全に削除したい / Git とそのすべてのコンポーネントを

和 訳 1

a. Internet Explorer 11 の File メニュー

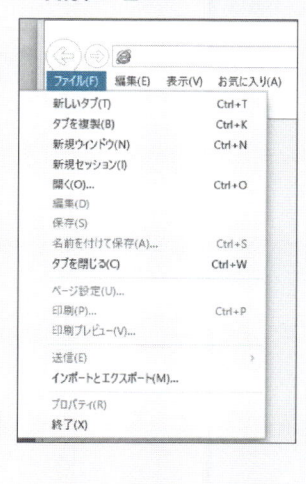

b. Internet Explorer 11 の Internet Options

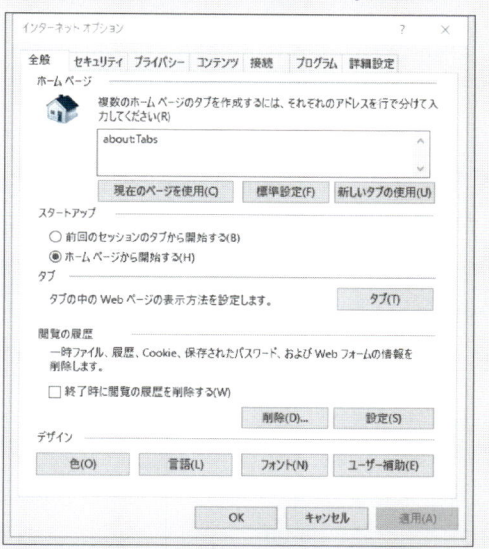

和 訳 2

c. Android の Google Settings

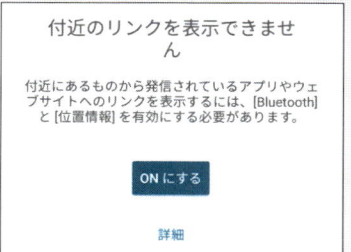

d. Android の Google Play

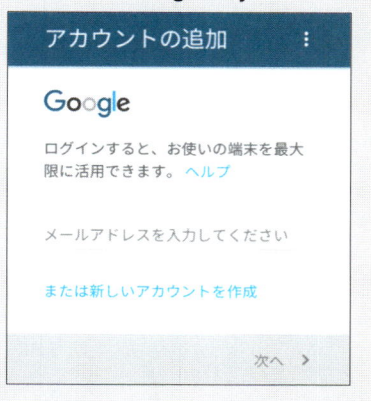

e. Windows 10

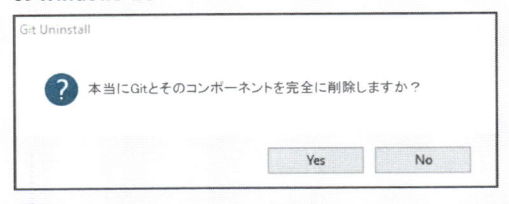

●ドキュメント・タイプの特徴

●ソフトウェア利用時に読み、ラベルとメッセージに大別される

　UIのテキストは、ソフトウェアを開発するエンジニア、デザイナー、またはテクニカル・ライターが書き、ソフトウェアを利用するユーザーが読みます。

　大きく分けると、ボタンやメニュー項目の「**ラベル**」、エラーや確認などの「**メッセージ**」という2種類があります。ラベルは1～数語程度の短いテキストが多く、動詞や名詞が中心となります。コンピューターに命令したい処理内容やメニューで選択可能な項目などが短いテキストで端的に表現されます。一方、メッセージはラベルよりも概して長く、文の形を取っていることが普通です。ただし、次に説明するように、文の要素が省略されている例も頻繁に見られます。

図2-1　UIのテキストは、「ラベル」と「メッセージ」に分けられる	
ラベル	● 1～数語程度の短いテキストが多い ● 動詞や名詞が中心
メッセージ	● ラベルよりも一般的に長い ● 文の形を取っていることが普通 ● 頻繁に文の要素が省略される

❶ テキストは短く、「省略」が頻繁に発生する

　言語的な特徴としては、UIの英語はテキストが短く、「**省略**」（第1章 03参照）が多い点が挙げられます。文脈上わかる言葉は省かれるというものです。

　英文サンプル中で省略されている部分の例を挙げると、【ア】の「Duplicate tab」メニュー項目で不定冠詞（a tabが文法的に正しい）、【ウ】の「Use current」ボタンで末尾の名詞（pageなどが省略）、【オ】の「Can't show nearby links」メッセージで主語（The appやYour phoneなどが省略）、【ケ】の「Need help finding your account?」メッセージで文頭の「Do you」が省略されています。これは、表示スペースが限られるUI上でテキストはなるべく短くしたいという理由から発生していると考えられます[注2-3]。つまり英語UIでは、**常に何らかの語が省略されている可能性を考えながら読む必要がある**ということです。もし一読してよく意味がわからなければ省略を疑いましょう。

❶ ソフトウェアへの命令、ソフトウェアからの確認、指示、エラーを読み取る

　ソフトウェアを使う場合、基本的に人間がソフトウェアに対して「**命令**」します。特にGUI（グラフィカル・ユーザー・インターフェイス）では、ボタンを押したりメニューから選択したりすることで命令を出します。ソフトウェアはその命令に対して「**確認メッセージ**」を出したり、逆にソフトウェアが人間に「**指示メッセージ**」を出したりすることもあります。また、操作が失敗すると「**エラー・メッセージ**」を出します。

　人間とソフトウェアはこのような対話をしながら、何らかの目的（例：ファイルの保存）を完了します。つまり、ソフトウェアのUIでは、次の種類の英文を読み取ることがポイントとなります。

- **人間からソフトウェアへの命令**
  例 【イ】の「Close tab」、【エ】の「Cancel」、【カ】の「TURN ON」

➡ 命令は動詞で書かれる。そのため特に動詞に注目して読む。

- **ソフトウェアからの確認メッセージ**
  - 例 【コ】の「Are you sure you want to completely remove Git and all of its components?」
    - ➡ 確認は疑問文が使われる。「Do you」などが省略される場合や「Remove?」のように単に疑問符だけが付く場合もある。

- **ソフトウェアからの指示メッセージ**
  - 例 【キ】の「Add your account」や【ク】の「Enter your email」
    - ➡ 人間からソフトウェアへの命令と同様、動詞に注目する。

- **ソフトウェアからのエラー・メッセージ**
  - 例 【オ】の「Can't show nearby links」
    - ➡ エラーの内容を説明した後、そのエラーの解消方法を提示するという流れが多い。【オ】の場合は、「Can't show nearby links」とエラーの内容を説明し、「Bluetooth and Location need to be turned on〜」という解消方法を提示している。

　対話によって動的にディスコースが作られる点は、マニュアルや仕様書など、ほかの種類のドキュメントには見られない特徴です。そのため、UIで用いられるテキストは人間どうしの会話に近いともいえるでしょう。

POINT

- ソフトウェア利用時に読み、ラベルとメッセージに大別される
- テキストは短く、「省略」が頻繁に発生する
- ソフトウェアへの命令、ソフトウェアからの確認、指示、エラーを読み取る

📘 語彙・表現解説

❶ duplicate
動詞 複製する
解説 語源はdoubleと同じ。

❷ save as...
― 名前を付けて保存
解説 文字通りだと「〜として保存」。普段日本語UIを使っているとわかりにくい英語。ちなみにボタンやメニューの三点リーダー（...）は、クリックした後にさらにダイアログなどが開いて操作（ファイル名の入力など）が続くことを示す。

❸ advanced
形容詞 高度な
解説 「高度な」や「先に進んだ」という意味だが、IEでは「詳細設定」が使われている。

❹ startup
名詞 開始、起動
解説 ビジネス関連ではスタートアップ企業（ベンチャー企業）の意味も。

❺ start with 〜
― 〜で始める

❻ webpage
名詞 ウェブ・ページ
解説 web pageと2語で表記するケースも。一方「website」は1語での表記が主流。

❼ browsing
名詞 閲覧、ブラウジング

❽ temporary
形容詞 一時的な
解説 tempと略されることもある。

❾ history
名詞 履歴
解説 「歴史」の意味もあるが「履歴」で使われる。

❿ appearance
名詞 外観

⓫ accessibility
名詞 アクセシビリティー
解説 IEでは「ユーザー補助」という訳語。

⓬ apply
動詞 適用する
解説 出願する、申し込むという意味も。

⓭ nearby
形容詞 近くの

⓮ turn on
― オンにする

⓯ get the most out of 〜
― 〜を最大限に活用する
解説 the mostは「最大限」や「最大量」という意味の名詞。

⓰ enter
動詞 入力する

⓱ sure
形容詞 確かに思って
解説 人が確信を持っている状態。

⓲ completely
副詞 完全に

⓳ component
名詞 部品、コンポーネント

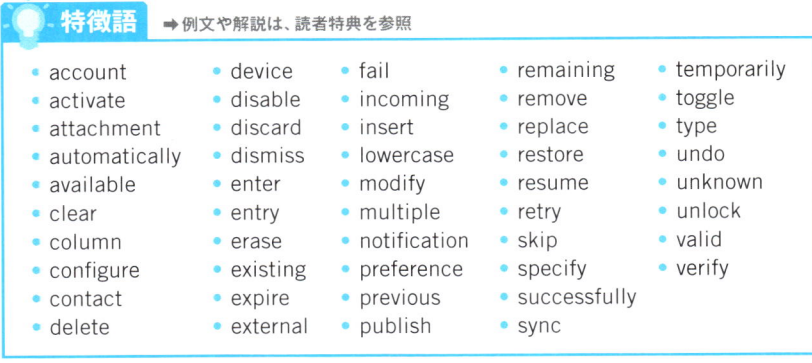

特徴語 ➡ 例文や解説は、読者特典を参照

- account
- activate
- attachment
- automatically
- available
- clear
- column
- configure
- contact
- delete
- device
- disable
- discard
- dismiss
- enter
- entry
- erase
- existing
- expire
- external
- fail
- incoming
- insert
- lowercase
- modify
- multiple
- notification
- preference
- previous
- publish
- remaining
- remove
- replace
- restore
- resume
- retry
- skip
- specify
- successfully
- sync
- temporarily
- toggle
- type
- undo
- unknown
- unlock
- valid
- verify

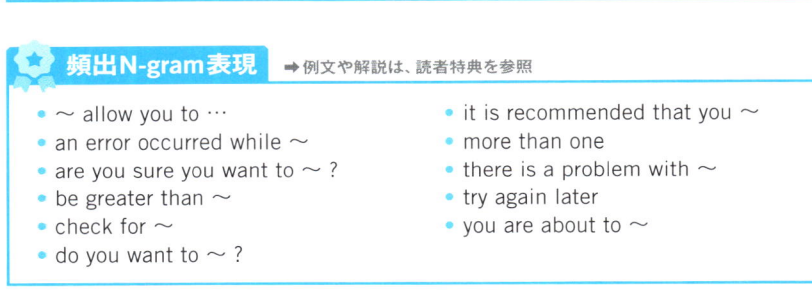

頻出N-gram表現 ➡ 例文や解説は、読者特典を参照

- ～ allow you to …
- an error occurred while ～
- are you sure you want to ～ ?
- be greater than ～
- check for ～
- do you want to ～ ?
- it is recommended that you ～
- more than one
- there is a problem with ～
- try again later
- you are about to ～

PRACTICE

英文（Firefoxブラウザー）

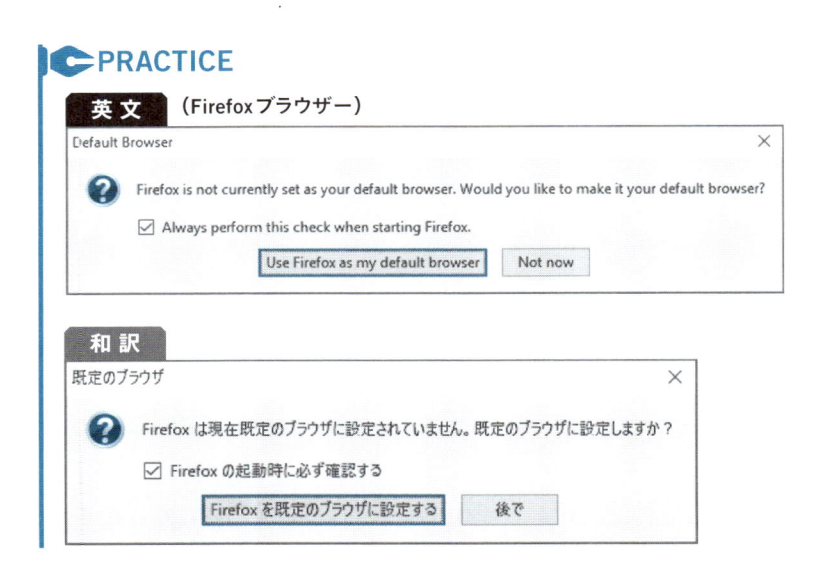

Default Browser ×

Firefox is not currently set as your default browser. Would you like to make it your default browser?

☑ Always perform this check when starting Firefox.

[Use Firefox as my default browser] [Not now]

和訳

既定のブラウザ ×

Firefox は現在既定のブラウザに設定されていません。既定のブラウザに設定しますか？

☑ Firefox の起動時に必ず確認する

[Firefox を既定のブラウザに設定する] [後で]

02 コミット・メッセージ
主語を省略し、動詞を使って端的に表現

SAMPLE

コマンドライン画面

```
commit 0123456789abcdef0123456789abcdef01234567
Author: John Smith <john@example.com>
Date:   Wed Sep 21 17:54:00 2016 +0900

    Fix bug that caused XMLParser to fail.  ✔CHALLENGE

commit 123456789abcdef0123456789abcdef012345678
Author: Scott Doe <scott@example.com>
Date:   Tue Sep 20 15:15:00 2016 +0900

    Update documentation to reflect changes in XMLParser.

commit 23456789abcdef0123456789abcdef0123456789
Author: Jane Roe <jane@example.com>
Date:   Sun Sep 18 20:05:00 2016 +0900

    Add support for parsing XML files
```

ウェブサイト

Commits on Sep 17, 2016
Revert "Merge branch 'mail_test'"
alicejohnson committed 9 days ago

Commits on Sep 16, 2016
Merge branch 'mail_test'
tomjohnes committed 10 days ago

doc: Fix broken links in index.html
johnroe committed 10 days ago

Commits on Sep 15, 2016
Merge pull request #12345 from scottpoe/doc-revision
alicejohnson committed on CommiHub 11 days ago

Add links to tutorials to README.md ✔CHALLENGE
scottpoe committed 11 days ago

解 説

コマンドライン画面

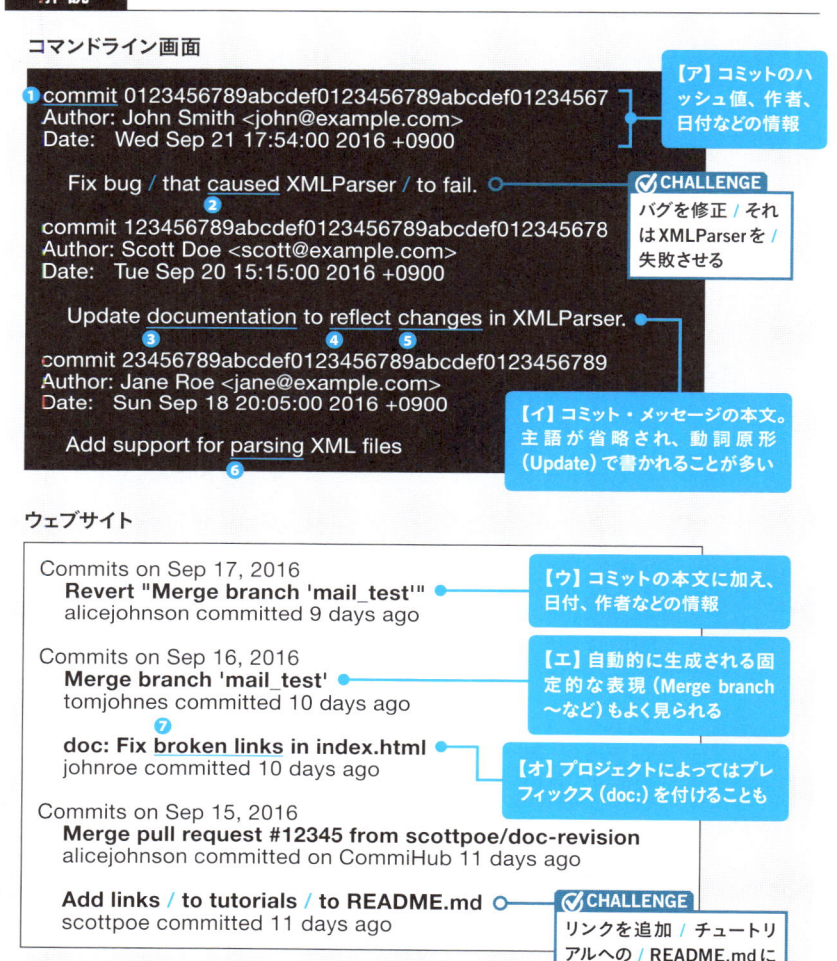

❶ commit 0123456789abcdef0123456789abcdef01234567
Author: John Smith <john@example.com>
Date: Wed Sep 21 17:54:00 2016 +0900

　　Fix bug / that caused XMLParser / to fail.

commit 123456789abcdef0123456789abcdef012345678
Author: Scott Doe <scott@example.com>
Date: Tue Sep 20 15:15:00 2016 +0900

　　Update documentation to reflect changes in XMLParser.
❸　　　　　　❹　　　❺
commit 23456789abcdef0123456789abcdef0123456789
Author: Jane Roe <jane@example.com>
Date: Sun Sep 18 20:05:00 2016 +0900

　　Add support for parsing XML files
❻

【ア】コミットのハッシュ値、作者、日付などの情報

CHALLENGE
バグを修正 / それ
はXMLParserを /
失敗させる

【イ】コミット・メッセージの本文。主語が省略され、動詞原形（Update）で書かれることが多い

ウェブサイト

Commits on Sep 17, 2016
Revert "Merge branch 'mail_test'"
alicejohnson committed 9 days ago

Commits on Sep 16, 2016
Merge branch 'mail_test'
tomjohnes committed 10 days ago

❼
doc: Fix broken links in index.html
johnroe committed 10 days ago

Commits on Sep 15, 2016
Merge pull request #12345 from scottpoe/doc-revision
alicejohnson committed on CommiHub 11 days ago

Add links / to tutorials / to README.md
scottpoe committed 11 days ago

【ウ】コミットの本文に加え、日付、作者などの情報

【エ】自動的に生成される固定的な表現（Merge branch ～など）もよく見られる

【オ】プロジェクトによってはプレフィックス（doc:）を付けることも

CHALLENGE
リンクを追加 / チュートリ
アルへの / README.mdに

コマンドライン画面

コミット 0123456789abcdef0123456789abcdef01234567
作成者：John Smith <john@example.com>
日付：2016年9月21日（水）17:54:00 +0900

　XMLParser が失敗する原因となったバグを修正。

コミット 123456789abcdef0123456789abcdef012345678
作成者：Scott Doe <scott@example.com>
日付：2016年9月20日（火）15:15:00 +0900

　XMLParser での変更を反映するようドキュメントを更新。

コミット 23456789abcdef0123456789abcdef0123456789
作成者：Jane Roe <jane@example.com>
日付：2016年9月18日（日）20:05:00 +0900

　XML ファイルのパースのサポートを追加

ウェブサイト

2016年9月17日のコミット一覧
「ブランチ 'mail_test' をマージ」を元に戻した
alicejohnson が9日前にコミット

2016年9月16日のコミット一覧
ブランチ 'mail_test' をマージ
tomjohnes が10日前にコミット

doc: index.html の切れたリンクを修正
johnroe が10日前にコミット

2016年9月15日のコミット一覧
scottpoe/doc-revision からのプルリクエスト#12345をマージ
alicejohnson が11日前に CommiHub でコミット

README.md にチュートリアルへのリンクを追加
scottpoe が11日前にコミット

●ドキュメント・タイプの特徴

⊕ 専門的で難しい単語が多いが、頻出用語を押さえれば問題ない

コミット・メッセージは、開発者がGitHubなどのソースコード・リポジトリーにコミットする際に書くメッセージで、別の開発者に向けてコミット内容を簡潔に記述します。コミット・メッセージは通常、コマンドラインやウェブサイト上で読まれます。【ア】や【ウ】のようにコミットのハッシュ値、日付、作者などの情報に続き、実際のメッセージ本文が書かれます。

コミット・メッセージでは、一般的な英語の学習では登場しない**専門的で難しい単語が多く出現します**。しかし、特定プロジェクト内の用語は限られ、頻出する動詞（fix、revert、mergeなど）も決まっています。そういった言葉をしっかり押さえておけば、過度に恐れる必要はありません。

ちなみに第6章03でコミット・メッセージの書き始めでよく用いられる動詞15個を紹介しています。もしコミット・メッセージを書く必要がある場合は、こちらも参照してみてください。

⊕ 主語を省略し、動詞から書き始める

コミット・メッセージは**主語を「省略」**（第1章03参照）し、動詞から書き始めるのが一般的です。たとえば、【イ】の部分です。

動詞は「Add」のような原形が用いられるケースが多いですが、プロジェクト（リポジトリー）によっては「Added」のような過去形や、「Adds」のような三人称単数現在形が好んで使われることもあります。動詞が原形の場合は「I」や「This commit will」、三人称単数現在形の場合は「This commit」のような主語が省略されていると想像できます。日本語では主語を明示しないこともあるため、日本語話者にとっては違和感が少ない書き方かもしれません。また、冠詞（aやthe）の省略も頻繁に発生します。コミット・メッセージを読むときは常に「省略」に注意しましょう。

● 自動生成の固定表現も見られる

GitやGitHubを使うと、一部のメッセージはソフトウェアによって**自動的に生成**されます。たとえば、「Merge branch ～」(**【エ】**)や「Merge pull request ～」です。これらは固定的な表現で、コミット・メッセージを読んでいるとたびたび出現します。

また、特に大きなプロジェクト（リポジトリ）では、コミット・メッセージの前に**プレフィックス（接頭辞）が付加されている**ことがあります。**【オ】**の「doc: Fix broken links in index.html」にある「doc:」のような文字です。「[doc]」のように書く例もあります。これは、「doc」ディレクトリーに関するコミットであることを示します。使われるプレフィックスはプロジェクトによってさまざまです。

前述の動詞の形（原形か、過去形か、三人称単数現在形か）も含め、このようにプロジェクトによって書き方が異なります。関心があるプロジェクトの文化を把握するようにしましょう。

🔑 POINT

- 専門的で難しい単語が多いが、頻出用語を押さえれば問題ない
- 主語を省略し、動詞から書き始める
- 自動生成の固定表現も見られる

📖 語彙・表現解説

① commit

名詞 コミット

解説 変更や追加などを確定する操作のこと。IT用語。

② cause

動詞 引き起こす、原因となる

解説 「cause ～ to …」で「～が…することを引き起こす」の意味。

③ documentation

名詞 文書

解説 不可算名詞なので「a documentation」や「documentations」という形では使われない。

④ reflect

動詞 反映する

❺ change

名詞 変更

解説 動詞ではない点に注意。可算名詞で「changes」という複数形でも使われる。

❻ parse

動詞 パースする、解析する

❼ broken link

名詞 切れているリンク

特徴語 ➡ 例文や解説は、読者特典を参照

- add
- build
- bump
- clean
- cleanup
- commit
- config
- correctly
- crash
- debug
- dependency
- deprecated
- enable
- ensure
- fix
- function
- generic
- handle
- implement
- improve
- instead
- introduce
- issue
- log
- merge
- missing
- module
- properly
- pull request
- redundant
- refactor
- reference
- release
- remove
- rename
- replace
- revert
- simplify
- syntax
- tweak
- typo
- unused
- update
- warning

頻出N-gram表現 ➡ 例文や解説は、読者特典を参照

- a bunch of ～
- get rid of ～
- in favor of ～
- make it easier to ～
- make it possible to ～
- make sure that ～
- no longer ～
- no need to ～
- ～ rather than …
- so that ～ can …

▶PRACTICE

英文

Fix a typo in the v6.14 release note.

Tweak error message when template file is not found.

Make sure that heisei() method returns a number instead of a string.

和訳

v6.14リリース・ノートの誤字を修正。

テンプレート・ファイルが見つからない場合のエラー・メッセージを微調整。

heisei()メソッドが文字列ではなく数値を返すことを確実にした。

03 APIリファレンス
メソッドは動詞で簡潔に説明

SAMPLE

Class File

File class provides a convenient mechanism for reading and writing files.

☑CHALLENGE

<Summary>
Constructor
    File()

Methods
    close()
    open()
    read()
    ＜略＞

Properties
    isDirectory
    name
    ＜略＞

<Detail>
Constructor
    File() [public]
        Constructs a File object.

Methods
    close() [public]
        Closes the file.

    open(mode) [public]
        Opens the file with a specified mode. ☑CHALLENGE

        Parameters
            mode   String

    read() [public]

Reads the content of this file as a string.

Returns
    String
    Returns a string on success. Returns false on failure.

See also
    readln()
    ＜略＞

Properties
    isDirectory   Boolean
    True if the file is a directory. ✅ CHALLENGE

    name   String
    Name of this file without path.
    ＜略＞

解 説

Class File ●━━

【ア】ページ全体のタイトル。ここ
ではFileというクラスとその説明

File class provides / a convenient mechanism / for reading and writing files.
                                        ❶

<Summary> ●
Constructor
    File()

【イ】概要。各メソッドなどへ
のリンクが一覧で示される

✅ CHALLENGE
Fileクラスは提供する / 便利な仕
組みを / ファイルの読み書き用に

Methods
    close()
    open()
    read()
    ＜略＞

Properties
    isDirectory
    name
    ＜略＞

<Detail> ●
Constructor
    File() [public] ❷
        Constructs a File object.
        ❸

【ウ】詳細。コンストラクターや
メソッドなどを詳しく説明

Methods
```
close() [public]
     Closes the file.
```
【エ】メソッドの動作は動詞で簡潔に説明。省略も多い

```
open( mode ) [public]
     Opens the file / with a specified mode.
```
✓CHALLENGE
ファイルを開く / 指定のモードで

```
     Parameters
          mode      String
```

```
read() [public]
     Reads the content of this file as a string.
```
【オ】メソッドではパラメーターや戻り値の説明も

```
     Returns
          String
          Returns a string on success. Returns false on failure.
                            ❹                              ❺
     See also
          readln()
```
＜略＞

Properties
```
isDirectory      Boolean
     True / if the file is a directory.
```
✓CHALLENGE
trueである / もしファイルがディレクトリーであれば

```
name      String
     Name of this file without path.
```
＜略＞

和 訳

クラス File

Fileクラスはファイルの読み書きに便利な仕組を提供。

＜概要＞
コンストラクター
```
File()
```

メソッド
```
close()
open()
```

　　　read()
　　　<略>

プロパティー
　　　isDirectory
　　　name
　　　<略>

<詳細>
コンストラクター
　　　File() [public]
　　　　Fileオブジェクトを生成。

メソッド
　　　close() [public]
　　　　ファイルを閉じる。

　　　open(mode) [public]
　　　　指定のモードでファイルを開く。

　　　　パラメーター
　　　　　mode　　String

　　　read() [public]
　　　　このファイルの中身を文字列として読み込む。

　　　　戻り値
　　　　　String
　　　　　成功時に文字列を戻す。失敗時にfalseを戻す。

　　　　参考情報
　　　　　readln()
　　　<略>

プロパティー
　　　isDirectory　　Boolean
　　　　ファイルがディレクトリーの場合にtrue。

　　　name　　String
　　　　パスを除いた、このファイルの名前。
　　　<略>

●ドキュメント・タイプの特徴

● 通読ではなく必要な部分のみを読む

　APIリファレンスとは、クラスやメソッドなど、プログラミング言語の使い方をプログラマーが参照する際に使う資料です。プログラミング言語やライブラリーの作成者が利用者（プログラマー）向けに書くものです。資料の性格上、全体を通読するというより、**必要な部分を見つけてそこに目を通す**という読み方が普通です。

● 概要と詳細という構成が多い

　1つのページはクラスなどの単位で書かれます。クラス単位の場合、【ア】のようにクラス名がページのタイトルになります。

　構成としては、最初にメソッドやプロパティーなどの一覧を【イ】に示すような「**概要**」（Summary）として提示し、そこからリンクをクリックすると【ウ】のような「**詳細**」（Detail）に移動できるものが多くなっています。そのため必要な情報をすばやく見つけるには、**まず概要の部分に着目する**ようにしましょう。またクラス単位で書かれたページの場合、コンストラクター、メソッド、プロパティーといった項目が見出しとなります。

　とりわけ各メソッドの詳細説明では、【オ】のようにパラメーターや戻り値（「Returns 〜」という表現がよく見られる）の情報が掲載されていることが一般的です。ほかに参照項目がある場合は、「See also」といった見出しの後にリンクが記載されることもあります。

● メソッドは動詞で簡潔に説明する

　言語的な特徴としては、**動詞から始まる文で動作を簡潔に説明する**点が挙げられます。特にAPIリファレンスで中心となるメソッドの説明で、そのような表現が用いられます。具体的には、「Closes the file.」（【エ】）や「Opens the file with a specified mode.」といった文です。動詞は三人称単

数現在形（opensなど）が多く見られますが、原形（openなど）が用いられることもあります。どちらの形が好まれるかは、ウェブサイトによって異なります。

　動詞が三人称単数現在形の場合は「This method」、原形の場合は「This method will」といった主語が「省略」されていると考えられます。つまり、文法的に正しく書くなら「This method closes the file.」や「This method will close the file.」といった形になります。主語を省略すると動詞から始まるため、むしろ簡潔で読みやすく感じます。01のUIや02のコミット・メッセージと同様、リーディング時にはこういった「**省略**」に注意を払いましょう。

🔑 POINT

- 通読ではなく必要な部分のみを読む
- 概要と詳細という構成が多い
- メソッドは動詞で簡潔に説明する

📖 語彙・表現解説

❶ mechanism
名詞 仕組み

❷ public
形容詞 （アクセス修飾子が）publicの
解説 一般的な英語では「公開された」という意味。プログラミング言語によっては「private」や「protected」というアクセス修飾子も存在する。

❸ construct
動詞 （コンストラクターでインスタンスを）生成する、構築する
解説 一般的な英語では「建設する」という意味。

❹ success
名詞 成功
解説 on successで「成功時に」。

❺ failure
名詞 失敗
解説 on failureで「失敗時に」。

特徴語 ➡例文や解説は、読者特典を参照

- argument
- array
- attribute
- Boolean
- configuration
- constructor
- convert
- current
- default

- define
- deprecated
- description
- element
- expression
- function
- inherit
- initialize
- instance

- integer
- invoke
- item
- key
- locale
- method
- multiple
- note
- null

- object
- optional
- otherwise
- parameter
- pass
- path
- prefix
- property
- return

- set
- specify
- static
- summary
- type
- valid
- value
- void

頻出N-gram表現 ➡例文や解説は、読者特典を参照

- 〜 can be used to …
- determine if 〜

- see also
- the number of 〜

- whether or not 〜

PRACTICE

英文

```
contain( specifiedStr ) [public]
```
Returns true if this string contains the specified string.
Parameter: specifiedStr String
Returns: Boolean

和訳

```
contain( specifiedStr ) [public]
```
この文字列が指定の文字列を含んでいる場合にtrueを戻す。
パラメーター：specifiedStr String型
戻り値：Boolean型

アクセスキー q

語彙難度 ▶ ★☆☆ 　語彙多様性 ▶ ★☆☆

04 使用許諾契約
法律文書の性質が強く、shall などの表現が独特

SAMPLE

ABCD Terms of Service

This is a legal agreement between you and ABCD Inc. ("ABCD", "we" or "us").
These Terms of Service ("Agreement") govern your use of ABCD Photos
("Service"). By using our Service, you are agreeing to the Agreement.
＜略＞

Use of the Service
We grant you the right to use the Service in accordance with the Agreement.
You may use the Service only as permitted by the Agreement.
＜略＞

Termination of the Service
You may choose to terminate your use of the Service at any time and for any
reason. ABCD may terminate or cancel your account at any time in our sole
discretion.
＜略＞

Privacy
By using our Service, you agree that ABCD can use your personal data in
accordance with our privacy policy. ✓CHALLENGE
＜略＞

Intellectual property
ABCD retains all intellectual property rights, including all patents, copyrights,
trademarks, trade secrets, and other rights.
＜略＞

Disclaimer of warranty
ABCD DISCLAIMS ALL WARRANTIES, WHETHER EXPRESS OR IMPLIED, OF
MERCHANTABILITY, FITNESS FOR A PARTICULAR PURPOSE, AND NON-
INFRINGEMENT.
＜略＞

Limitation of liability

IN NO EVENT SHALL ABCD BE LIABLE FOR ANY DAMAGES, COST, OR LOSS OF PROFITS. ✅CHALLENGE
<略>

Miscellaneous
<略>

解説

ABCD Terms of Service

This is a legal agreement between you and ABCD Inc. ("ABCD", "we" or "us"). These Terms of Service ("Agreement") govern your use of ABCD Photos ("Service"). By using our Service, you are agreeing to the Agreement.
<略>

【ア】これから使う用語が定義される（"Service"など）

Use of the Service
We grant you the right to use the Service in accordance with the Agreement. You may use the Service only as permitted by the Agreement.
<略>

❶
Termination of the Service
You may choose to terminate your use of the Service at any time and for any reason. ABCD may terminate or cancel your account at any time in our sole discretion.
<略>

✅CHALLENGE
当社サービスを利用することで / あなたは同意する / ABCDがあなたの個人情報を利用できることを / 当社プライバシー・ポリシーに従って

Privacy
By using our Service, / you agree / that ABCD can use your personal data / in accordance with our privacy policy.
<略>

【イ】各項目の見出し。項目番号が付けられていることも

Intellectual property
ABCD retains all intellectual property rights, including all patents, copyrights, trademarks, trade secrets, and other rights.
❷
<略>　❸

【ウ】免責事項など、重要な部分はすべて大文字で強調される

Disclaimer of warranty
❹ ABCD DISCLAIMS ALL WARRANTIES, WHETHER EXPRESS OR IMPLIED, OF MERCHANTABILITY, FITNESS FOR A PARTICULAR PURPOSE, AND NON-INFRINGEMENT.　❺　　　　　　　　　　　　　　❻
<略>

Limitation of liability

❼ IN NO EVENT / SHALL ABCD BE LIABLE / FOR ANY DAMAGES, COST, OR
LOSS OF PROFITS.
＜略＞

【エ】使用許諾契約など
法律文書では「shall」な
どの助動詞に特徴がある

CHALLENGE
いかなる場合もない / ABCD
が責任を負う / いかなる損害、
費用または逸失利益について

❽ **Miscellaneous**
＜略＞

和訳

ABCDサービス利用条件

これはお客様とABCD Inc.（「ABCD」、「当社」）との間の法的な契約です。このサービ
ス利用条件（「契約」）は、お客様によるABCD Photos（「サービス」）の利用に適用され
ます。当社のサービスを利用することにより、お客様は本契約に同意することになります。
＜略＞

サービスの利用
当社は本契約に従って、お客様に本サービスを利用する権利を付与します。お客様は、
本契約が許諾する限りでのみ本サービスを利用できます。
＜略＞

サービスの終了
お客様はいついかなる理由でも本サービスの使用を終了できます。ABCDは、いつでも
単独の裁量によりお客様のアカウントを終了または取り消しできます。
＜略＞

プライバシー
当社のサービスを利用することにより、ABCDが当社のプライバシー・ポリシーに従って
お客様の個人データを利用できることにお客様は同意します。
＜略＞

知的財産
ABCDは、すべての特許権、著作権、商標権、営業秘密、その他の権利を含め、すべ
ての知的財産権を留保します。
＜略＞

保証責任の否認
ABCDは、商品性、特定目的への適合性、および非侵害に関する保証は、明示または
黙示を問わず、否認します。
＜略＞

責任の制限
いかなる場合でも、ABCDはいかなる損害、費用または逸失利益についても責任を負わ
ないものとします。
＜略＞

雑則
＜略＞

●ドキュメント・タイプの特徴

➕ 法律文書の性質が強い

　使用許諾契約は、サービスやソフトウェアの提供者からユーザーに向けて書かれた文書です。ユーザーは、サービスなどの利用前に読んで条件に同意することになります。記載内容は各文書で異なりますが、プライバシー、知的財産権、免責事項といった見出し（【イ】）で順に記述されます。

　使用許諾契約は、技術文書というより、**法律文書**の性質が強くなっています[注2-4]。そのため、本節で紹介するような法律文書や契約書に特有の用語や表現を知っておくとリーディングはスムーズになるでしょう。語彙難度と語彙多様性が示すように、全体的な語彙レベルは高いわけではありません。しかし１つの文が長かったり、係り受けが複雑であったりします。つまり難しいのは語彙ではなく、法律文書に特有の書き方なのです。読みこなすには、ある程度の慣れが必要です。

➕ 用語は最初に定義される

　【ア】に示すように、**文書内で使う用語は最初に定義されます**。用語は二重引用符で囲み、一般的に頭文字が大文字になります。たとえば、「ABCD Photos （"Service"）」のServiceが定義された用語となります。

⊕ shallは義務、規則、禁止、mayは許可を表す

使用許諾契約のような法律文書では助動詞に特徴的な意味があります。まずshallは「**義務**」（～しなければならない）、「**規則**」（～するものとする）、「**禁止**」（～してはいけない。shall notで）を表します（【エ】）。このshallは一般的な文書ではあまり見かけない単語なので注意しましょう。また、mayは「**許可**」（～してもよい）という意味で用いられます。

もちろんwillやcanといった助動詞が登場することもありますが、特にshallとmayには「義務」や「許可」といった法律的な意味合いが込められている点に注意してください。

図2-2　使用許諾契約で使われる助動詞の意味

shall	● 義務（～しなければならない） ● 規則（～するものとする） ● 禁止（～してはいけない。shall notで）
may	● 許可（～してもよい）

⊕ 同じ意味の単語を重ねたり、大文字で書いたりして強調する

法律文書では、**同じ意味の単語が重ねて表記される**ことがあります。たとえば、「full and complete fee」（全手数料）や「any and all damages」（すべての損害）です。単語は1つだけでも意味は変わりませんが、重ねることで強調しているのです。

同様に、免責事項のような重要な項目を強調する場合に**すべて大文字で表記する**ことがあります。たとえば、【ウ】にある「ABCD DISCLAIMS ALL WARRANTIES, WHETHER EXPRESS OR IMPLIED, …」です。

● カンマとセミコロンで区切りのレベル分けをする

　ほかによく見られる表現として、第1章 03 で説明した区切りのレベル があります。項目を列挙して区切る際、下記のように小さなレベルではカ ンマ（ , ）、大きなレベルではセミコロン（ ; ）が用いられます。法律文書 では厳密さが要求されるため、このようにきちんとレベル分けをするので す。

$$\text{A ; B ; c , d , e , and f ; and G}$$

大きなレベルでの区切り　　　小さなレベルでの区切り

🔑 POINT

- 法律文書の性質が強い
- 用語は最初に定義される
- shall は義務、規則、禁止、may は許可を表す
- 同じ意味の単語を重ねたり、大文字で書いたりして強調する
- カンマとセミコロンで区切りのレベル分けをする

📖 語彙・表現解説

❶ termination
名詞 終了

❷ patent
名詞 特許

❸ trade secret
名詞 企業秘密

❹ merchantability
名詞 商品性

❺ fitness for a particular purpose
名詞 特定目的への適合性

❻ non-infringement
名詞 非侵害

❼ in no event 〜
― いかなる場合も〜ない

解説 サンプル英文では「In no event」を 強調するために文頭に配置した結 果、「shall ABCD be liable 〜」と ABCDとshallが「倒置」されている 点に注意。

❽ miscellaneous
形容詞 雑多な

特徴語 ➡ 例文や解説は、読者特典を参照

- agreement
- applicable
- authorize
- breach
- claim
- collectively
- comply
- condition
- consent

- consequential
- damage
- disclaim
- disclaimer
- discretion
- entity
- expressly
- extent
- govern

- grant
- implied
- infringement
- jurisdiction
- legal
- liability
- liable
- licensor
- loss

- material
- notice
- obligation
- party
- prior
- property
- proprietary
- require
- reserve

- responsible
- restriction
- solely
- subject
- term
- terminate
- violation
- waiver
- warranty

頻出N-gram表現 ➡ 例文や解説は、読者特典を参照

- arising from ～
- at any time for any reason
- in accordance with ～
- in the event ～

- including but not limited to ～
- set forth
- to the extent ～
- with respect to ～

PRACTICE

英文

Use of Service

As a registered user of the Service, you may create an ABCD Music account ("Account"). ABCD shall not be liable for any losses or damages arising from unauthorized use of your Account.

和訳

サービスの利用
サービスの登録ユーザーとして、お客様はABCD Musicアカウント(「アカウント」)を作成できます。ABCDは、お客様のアカウントの不正使用から発生するいかなる損失または損害についても法的責任を負わないものとします。

05 メール
頭語、本文、結語などから成る構成パターンがある

SAMPLE

New feature request

From: johndoe@example.com
To: info@example.co.jp

Hello ABCD team,

I have purchased your ExpenseTracker app at the Google Play store.
It is great and does exactly what it says.

It has one problem, however. When the app draws a graph for a long
period, the number labels become a blur and make it impossible
to see the graph line. ✅CHALLENGE

Can you add a setting to turn off the number labels on the graph?
I would definitely give the app five stars. ✅CHALLENGE

Regards,
John

--
John Doe
Email: johndoe@example.com
Website: http://www.example.com/johndoe

解 説

New feature request
　①　　　②

From: johndoe@example.com
To: info@example.co.jp

Hello ABCD team,

【ア】件名。これで
内容がわかることも

【ウ】本文。
状況説明（アプリを
買った）
↓
問題指摘（グラフの
線が見えない）
↓
改善要望（ラベルの
非表示機能追加）

【イ】頭語。ややカジュ
アルな「Hello」という
表現が用いられている

I have purchased your ExpenseTracker app at the Google Play store.
It is great and does <u>exactly</u> what it says.
　　　　　　　　　　③

It has one problem, however. When the app <u>draws</u> a graph / for a long
period, / the number labels become a <u>blur</u> / and make it impossible /
to see the graph line.　　　　　　　　⑤

Can you add a setting / to turn off the number labels / on the graph?
I would <u>definitely</u> give the app five stars.
　　　　　⑥

✓ CHALLENGE
アプリがグラフを描くとき / 長
期間にわたる / 数字ラベルが
ぼやける / そして不可能にす
る / グラフの線を見ることを

✓ CHALLENGE
設定を追加できます
か? / 数字ラベルをオ
フにする / グラフ上の

Regards,
John

--
John Doe
Email: johndoe@example.com
Website: http://www.example.com/johndoe

【オ】署名。メール・ア
ドレスや住所なども

【エ】結語。ややカジュアルな「Regards,」という表現

和 訳

新機能の要望

From: johndoe@example.com
To: info@example.co.jp

ABCDチームの皆様、

御社のExpenseTrackerアプリをGoogle Playストアで購入しました。

すばらしいアプリで、まさに宣伝通りに機能しています。

ただ、1点だけ問題があります。アプリが長期間のグラフを描く際、数字ラベルがぼやけてしまい、それでグラフの線が見えなくなります。

グラフの数字ラベルをオフにできる設定を追加できますか？　そうなればアプリにもちろん星5つ付けます。

それでは、
John

--
John Doe
メール：johndoe@example.com
ウェブサイト：http://www.example.com/johndoe

●ドキュメント・タイプの特徴

✚内容は多様。求められているアクションを読み取る

　ITエンジニアがビジネスで受け取る英文メールの内容はさまざまです。問い合わせ、見積もり依頼、注文、案内や宣伝、報告、さらにお礼や苦情もあります。送り主はユーザー、取引先、同僚がメインでしょう。

　書かれている内容は多種多様ですが、何らかのアクションを求められることも多いはずです。たとえば、質問や見積もり依頼に対する回答、バグ報告に対する改善作業などです。**相手が何を求めているのかを確実に読み取るようにしましょう。**

　よくあるメールは語彙の難度も多様性もそれほど高くはありません。ただし、内容（技術内容の問い合わせなど）によっては特殊な語彙が必要になります。

✚件名、頭語、本文、結語、署名という構成が典型的

　メールには**典型的な構成パターン**あるいは**ディスコース構造**があります。

基本的には次の要素から構成されています。

まず、【ア】の「**件名**」です。うまく件名が付けられていると、これで内容がわかることがあります。英文サンプルは「New feature request」で、比較的内容を推測しやすい件名です。

次に【イ】の「**頭語**」です。代表的な頭語をいくつか紹介します。フォーマルからカジュアルな順に並べてあります。

表2-1　代表的な頭語	
フォーマル	• Dear Taro Yamada, • Dear Staff,（スタッフ宛）
ややカジュアル	• Hello, • Hello ABCD Photos Team,（製品開発チーム宛）
カジュアル	• Hi, • Hi Taro, • Hi Developer,（開発者宛）

続いて【ウ】の「**本文**」です。英文サンプルでは、まずアプリを買ったという状況説明があり、次にグラフの線が見えないという問題を指摘しています。最後に、ラベルの非表示機能を追加して欲しいという改善要望が書かれています。もちろん必ずしも改善要望に応える必要はありませんが、相手の意図をきちんと把握するようにしましょう。

さらに、【エ】の「**結語**」が続きます。頭語と同様に、代表的なものをフォーマルからカジュアルな順に紹介します。

表2-2　代表的な結語	
フォーマル	• Best regards, • Kindest regards, • Sincerely,
ややカジュアル	• Regards, • Thanks, • Thank you,
カジュアル	• Bye, • Cheers, • Good luck!

最後に【オ】にある送信者の「**署名**」です。名前以外に、メール・アドレス、住所、会社名などが入ることもあります。

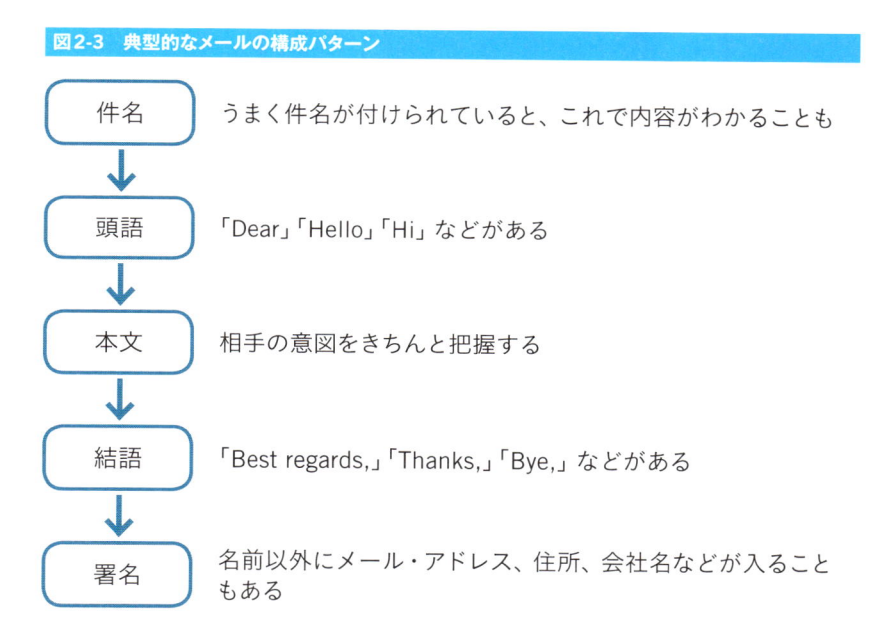

図2-3　典型的なメールの構成パターン

件名	うまく件名が付けられていると、これで内容がわかることも
頭語	「Dear」「Hello」「Hi」などがある
本文	相手の意図をきちんと把握する
結語	「Best regards,」「Thanks,」「Bye,」などがある
署名	名前以外にメール・アドレス、住所、会社名などが入ることもある

● ITでは比較的カジュアルな表現が好まれる

　IT業界ではビジネス・メールであっても**比較的カジュアルな表現が好まれる**傾向にあります。一度も会ったことのない人から「Hi,」で始まるビジネス・メールを受け取ることもめずらしくありません。文化の違いが背景にあるので、「面識もないのにHiなんて失礼な……」と早合点しないようにしましょう。相手は打ち解けた雰囲気を作りたいという意図を持っているのかもしれません。

　また、名前がわからず不特定の人に送る場合、以前から用いられてきた「Dear Sir / Madam,」や「To whom it may concern,」という表現より、「Dear Developer,」や「Hello Team,」のように、「開発者」や「開発チーム」を宛先にする表現が多く見られます。

　ちなみに第6章でメールのライティングについて解説しています。英文メールを書く必要のある方はそちらも参照してください。

POINT

- 内容は多様。求められているアクションを読み取る
- 件名、頭語、本文、結語、署名という構成が典型的
- ITでは比較的カジュアルな表現が好まれる

語彙・表現解説

❶ feature
名詞 機能

解説 ユーザーを引きつける特徴的な機能というニュアンス。類義語に「function」と「functionality」。

❷ request
名詞 要望

❸ exactly
副詞 まさに、ちょうど

解説 サンプル英文の「does exactly what it says」は「まさにいっていることをしている」の意味。

❹ draw
動詞 描く

解説 ほかに「引く」や「引き出す」という意味がある。

❺ blur
名詞 ぼやけているもの

❻ definitely
副詞 もちろん、必ず

特徴語 ➡ 例文や解説は、読者特典を参照

- announce
- anyway
- appreciate
- check
- contact
- currently
- discuss
- email
- guarantee
- helpful
- hesitate
- inform
- instruction
- learn
- love
- opportunity
- purchase
- quick
- regarding
- remind
- reminder
- reply
- required
- share
- suggestion
- team
- via

頻出N-gram表現 → 例文や解説は、読者特典を参照

- feel free to 〜
- follow up
- get back to 〜
- happy to 〜
- in advance
- let me/us know
- look forward to 〜
- more about 〜
- reach out to 〜
- thanks for 〜

▶️PRACTICE

英 文

Hello Developer,

We launched ABCD Book Share yesterday, which allows users to share their purchased books with up to four family members. To support this service, we have also updated the ABCD Developer Agreement.
If you have any questions, please contact us.

Regards,
ABCD Book Team

和 訳

開発者様、

弊社は昨日、ABCD Book Shareの提供を開始しました。これにより、ユーザーは購入した書籍を最大4人の家族と共有できます。本サービスに対応するために、ABCD開発者規約も更新しています。
ご質問がある場合は当社までご連絡ください。

敬具
ABCD Book担当チーム

語彙難度 ▶ ★★☆ | 語彙多様性 ▶ ★☆☆

06 アプリのレビュー
評価とコメントから有益な情報を引き出す

SAMPLE

Ratings and Reviews

4.1
★★★★☆
(Total:1,851)

Filter by : [All versions]
Sort by : [Most recent]

ScottD October 7, 2016
★★★★★
Great app!!!
Highly recommended

Jane Doe October 5, 2016
★★★★☆
App is good. Easy to use, great options.
But it crashes frequently or I would give it 5 stars. ✓CHALLENGE

Jason October 4, 2016
★☆☆☆☆
Sucks!
App crashes after the last update

JJ1976 October 1, 2016
★★★★★
Luv it

Tom Jones September 28, 2016
★★★☆☆
I like the app.
It is very addictive but it is very glitchy and slow. ✓CHALLENGE

< Previous Next >

Ratings and Reviews

4.1
★★★★☆
(Total:1,851)

❶
Filter by : [All versions]
Sort by : [Most recent]
❷　　　　　　**❸**

ScottD October 7, 2016
★★★★★
Great app!!!
Highly recommended
❹

> 【ア】各レビュー。一般的に、ユーザー名、日付、評価（星の数で5段階）、コメントで構成

> ☑ CHALLENGE
> しかし、頻繁にクラッシュする / そうでなければこれに与える / 星5つを

Jane Doe October 5, 2016
★★★★☆
App is good. Easy to use, great options.
But it crashes frequently / or I would give it / 5 stars.

> 【イ】コメントには改善につながる有益な情報も。ここではクラッシュが減れば星5つだと述べている

Jason October 4, 2016
★☆☆☆☆
Sucks!
App crashes after the last update

JJ1976 October 1, 2016
★★★★★
Luv it

> 【ウ】話し言葉や略した言葉などが使われる。LuvはLoveのこと

> ☑ CHALLENGE
> これはとてもはまる / しかし、欠陥が多く遅い

Tom Jones September 28, 2016
★★★☆☆
I like the app.
It is very addictive / but it is very glitchy and slow.

❺
< Previous Next >

> 【エ】ポジティブやネガティブな評価の言葉を知っておくと内容把握が楽。addictiveやglitchyなど

アプリのレビュー

評価とレビュー

4.1
★★★★☆
（合計：1,851）

フィルター：[全バージョン]
ソート順：[最新]

ScottD　2016年10月7日
★★★★★
すばらしいアプリだ!!!
強く勧める

Jane Doe　2016年10月5日
★★★★☆
アプリ自体はよい。使いやすいし、オプションもすばらしい。
ただ、よくクラッシュする。これがなければ星5つ付ける。

Jason　2016年10月4日
★☆☆☆☆
つまらん!
最新アップデートの後でアプリがクラッシュする

JJ1976　2016年10月1日
★★★★★
気に入ってます

Tom Jones　2016年9月28日
★★★☆☆
好きなアプリです。
すごくはまるけど、よくバグが出て遅いです。

< 前ページ　次ページ >

●ドキュメント・タイプの特徴

●コメントをうまく読んで有益な情報を引き出す

　アプリのレビューとは、アプリ・マーケットでユーザーが付ける評価とコメントです。そのアプリを使用したユーザーによる感想や改善案などが書かれます。主な読者は、インストールを検討しているほかのユーザーや、アプリを提供している開発者です。

　各レビューは一般的に「ユーザー名」、「日付」、星の数による「評価」、そして「コメント」で構成されます（【ア】）。その中で実際に読むのは**コメント部分**です。コメントは短いこともあれば、具体的で長いこともあります。アプリの改善に役立ちそうな具体的なコメントは、【イ】のように「問題点」や「改善すべき点」を記述する傾向があります。評価で一喜一憂するだけではなく、コメントをうまく読んで有益な情報を引き出しましょう。

●話し言葉、略した言葉、絵文字が多用され、スペルミスや文法ミスも

　評価コメントの言語的な特徴をいくつか見てみましょう。

- **話し言葉のような表現を使う**
  [例] so（とても）を「SOOOOOO」のように強調
- **略した言葉を使う**
  語を縮める　[例] plzやpls（please）、gr8（great）、luv（love）、kinda（kind of）、tho（though）。【ウ】ではluvを使用
  頭字語　[例] WTF（what the fuck。「何だこれ」の意味）、OMG（oh my God。「びっくり」の意味）、BTW（by the way）
- **絵文字が多い**
- **スペルや文法のミスがある**

つまり評価コメントの英語は、ニュースやマニュアルで読むような**「きちんとした」書き言葉の英語とは異なる**のです。そのため読解に苦労する部分もあるはずです。もし辞書を引いても掲載されていない単語に遭遇した場合、スペルミスの可能性も疑ってみましょう。

● ポジティブまたはネガティブな評価を読み取る

アプリのレビューでは、**ポジティブまたはネガティブな感情表現が多く見られます**。たとえば【エ】には、ポジティブな「addictive」とネガティブな「glitchy」の両方が見られます。そういった表現に用いられる言葉（特に形容詞）を知っておくと、評価内容の把握が楽になるはずです。

まずはポジティブな評価に使われる形容詞を表2-3にまとめます。

単　語	意　味	単　語	意　味
addicting	はまる、中毒性のある	fun	面白い、楽しい
addictive	はまる、中毒性のある	great	すごい
adorable	かわいい、愛らしい	handy	使いやすい
amazing	すばらしい	helpful	役立つ
awesome	すばらしい	informative	知識が得られる
challenging	やりがいがある	nice	よい
cool	かっこいい	ok	まあまあ、そこそこ
decent	きちんとした	perfect	完璧な
enjoyable	楽しめる	simple	シンプルな
entertaining	楽しい	super	すばらしい
excellent	優れている	superb	すばらしい
fantastic	すばらしい	useful	役立つ
favorite	大好きな	wonderful	すばらしい
fine	すばらしい		

表2-3　ポジティブな評価に使われる形容詞

続いてネガティブな評価に使われる形容詞を表2-4にまとめます。

単　語	意　味	単　語	意　味
annoying	うざい、うるさい	glitchy	欠陥がある
awful	ひどい	horrible	ひどい
bad	悪い	laggy	遅い、遅延する
boring	つまらない、退屈な	shaky	不安定な、ぐらつく
buggy	バグがある	stupid	ばかな、つまらない
crappy	クソみたいな、最低な	terrible	ひどい
cumbersome	扱いにくい、ごちゃごちゃしている	unusable	使用不能な
dumb	ばかな	worst	最悪な

表2-4　ネガティブな評価に使われる形容詞

　ユーザーの生の声が書かれるコメントからは有益な情報を取得できます。読みにくい表現もありますが、上手に活用しましょう。

POINT

- コメントをうまく読んで有益な情報を引き出す
- 話し言葉、略した言葉、絵文字が多用され、スペルミスや文法ミスも
- ポジティブまたはネガティブな評価を読み取る

語彙・表現解説

❶ filter by ～
[一] ～でフィルター

❷ sort by ～
[一] ～順でソート

❸ recent
[形容詞] 最近の

❹ highly
[副詞] 高く、非常に

❺ previous
[形容詞] 前の
[解説] ページ移動ができる場合、next（次ページ）とprevious（前ページ）がよく使われる。

💡 特徴語 ➡例文や解説は、読者特典を参照

- absolutely
- crap
- crash
- even
- ever
- fix
- freeze
- glitch
- hate
- like
- love
- must
- overall
- pretty
- rate
- recommend
- reinstall
- suck
- uninstall
- update
- way
- worth

⚙ 頻出N-gram表現 ➡例文や解説は、読者特典を参照

- easy to 〜
- great way to 〜
- it would be better if 〜
- keep up the good work
- other than that
- so far so good

☛PRACTICE

英文
★★☆☆☆

I've been using this app for so long and loved it.
But since the last update, it doesn't open.
Plz fix it!!!

和訳
★★☆☆☆
このアプリは長期間使っていて、気に入っています。
でも最新のアップデート後に開きません。
直してください!!!

仕事でよく見かける
ドキュメントの読み方 (2)
─情報量が多いので効率的に読みたいドキュメント─

本章では、ニュース、技術ブログ、マニュアル、
仕様書、Q&Aサイトを取り上げています。
どれも情報量が多い傾向があるため、
すばやく読むテクニックなどを駆使して効率的に
リーディングをしましょう。

語彙難度 ▶ ★★☆ | 語彙多様性 ▶ ★★★

01 ニュース
タイトルに注目して情報収集

SAMPLE

Japan's JLangTech to Buy ABCD for $1.5 Million

By John Doe
September 18, 2016 -- 5:15 PM PDT
Updated on September 19, 2016 -- 7:06 AM PDT

- JLangTech to secure a leading position in machine translation
- ABCD uses the latest artificial intelligence technology for translation

SAN FRANCISCO — JLangTech Inc. agreed to buy ABCD Inc. for $1.5 million, securing a leading position in the global machine translation industry. ☑CHALLENGE

The Japanese company is offering $5.5 per share or a 30 percent premium to Friday's close, according to a statement by the company. The deal would be the biggest-ever for JLangTech, which under CEO Taro Yamada became one of the largest machine translation companies in the world. ☑CHALLENGE

"I have been interested in ABCD's technology for years," Yamada told us in San Francisco on Monday. "Their artificial intelligence technology will lead the future of translation."

＜略＞

Related articles:
- JLangTech Launches a New Market Place for Machine Translation
- AI Makes ABCD's Translation App More Powerful

Japan's JLangTech to Buy ABCD for $1.5 Million

By John Doe
September 18, 2016 -- 5:15 PM PDT
Updated on September 19, 2016 -- 7:06 AM PDT

- JLangTech to secure a leading position in machine translation
- ABCD uses the latest artificial intelligence technology for translation

【ア】タイトル。「to 不定詞」で「未来」を表すなど独特の表現が用いられる

【イ】サイトによっては本文の重要なポイントを端的にまとめることも

【ウ】本文の第1パラグラフで「概要」がわかる

SAN FRANCISCO — JLangTech Inc. agreed / to buy ABCD Inc. / for $1.5 million, / securing a leading position / in the global machine translation industry.

✓ CHALLENGE
JLangTech Inc. は合意した / ABCD Inc. を買収することを / 150万ドルで / そして、リーダー的地位を確保する / 世界的な機械翻訳業界で

【エ】ニュースでは言い換えが頻出。ここでは「JLangTech」を「The Japanese company」と言い換えている

【オ】第1パラグラフの概要をさらに「詳細」に説明。分析的なディスコース構造

The Japanese company is offering $5.5 per share or a 30 percent premium to Friday's close, according to a statement by the company. The deal would be the biggest-ever / for JLangTech, / which under CEO Taro Yamada / became one of the largest machine translation companies / in the world.

✓ CHALLENGE
この取引は過去最大となるだろう / JLangTech にとって / 同社は山田太郎 CEO の下で / 最も大きな機械翻訳企業の1つとなった / 世界で

"I have been interested in ABCD's technology for years," Yamada told us in San Francisco on Monday. "Their artificial intelligence technology will lead the future of translation."

<略>

Related articles:

ニュース

【カ】関連記事を追うと、ニュースの背景などを知ることもできる

- JLangTech Launches a New Market Place for Machine Translation
- AI Makes ABCD's Translation App More Powerful

和訳

日本のJLangTech、ABCDを150万ドルで買収へ

筆者 John Doe
2016年9月18日 -- 5:15 PM（太平洋夏時間）
更新 2016年9月19日 -- 7:06 AM（太平洋夏時間）

- JLangTech は機械翻訳でリーダー的地位を確保する
- ABCD は翻訳に最新 AI 技術を使用している

サンフランシスコ ── JLangTech Inc. は、ABCD Inc. を150万ドルで買収することに合意し、同社は世界的な機械翻訳業界でリーダー的地位を確保する。

この日本企業は、声明によると1株当たり5.5ドル、すなわち金曜終値に30％割り増しした価格を提示している。これは、JLangTech による買収としては過去最大となる。同社は、山田太郎CEOの下で世界最大規模の機械翻訳企業となっていた。

「ABCD の技術にはずっと興味を持っていました」と山田氏は月曜にサンフランシスコで本紙に語った。「彼らの人工知能技術は翻訳の未来を先導するでしょう」

＜略＞

関連記事：
- JLangTech が機械翻訳の新しいマーケットプレイスを立ち上げ
- AI が ABCD の機械翻訳アプリをさらに強力に

●ドキュメント・タイプの特徴

● 幅広い話題を扱うため、多様な語彙が用いられる

　一般的にニュースは、数百〜数千語程度の「記事」というまとまりで、記者やライターが読者に向けて最新情報を書いたドキュメントです。ITニュースではテクノロジーからビジネスまで幅広い話題を扱うため、**多様な語彙**が用いられます。英和辞典を活用して語彙不足を補いましょう。

●「概要→詳細」という展開が一般的

　1つの記事は主に、タイトル、筆者と日時、本文、という要素で構成されています。ニュース・サイトによっては、【イ】のような「まとめ」や【カ】のような関連記事なども見られます。

　本文では、第1パラグラフ（【ウ】）に**記事全体の概要**が書かれることがよくあります。この場合、後続のパラグラフでさらに詳細を説明（【オ】）していくという展開が一般的です。つまり、「**概要→詳細**」という分析的なディスコース構造です。もちろんすべてのニュース記事がそのように書かれているわけではありませんが、よく見られる構造です。

　なお、「スキミング」（第1章 06 参照）を活用して要点だけを押さえたいときは、【イ】のまとめ部分や【ウ】の概要部分に特に注目すると効果的です。

● タイトルに注目して情報収集する。独特な書き方も

　ニュース記事から効率的に情報収集する上で注意を向けるべきは、【ア】の「**タイトル**」でしょう。ニュース・サイトやRSSリーダーでは数多くのタイトルが一覧で表示されます。タイトルを読んだだけで内容が想像できれば、いちいち本文を開いて確認する手間がなくなります。しかし、タイトルは独特な書き方をされることがあるため注意が必要です。いくつか特徴を見てみましょう。

- **冠詞やbe動詞が省略される**

  [例] Fans angry over 'missing' iPhone 7 headphone socket[注3-1]

  （iPhone 7で「消えた」ヘッドホン差し込み口にファンが怒り）

  ➡ be動詞を省略しないと「Fans are …」、冠詞を省略しないと「…over the 'missing' iPhone …」となる

- **受動態でbe動詞が省略される**

  [例] Police Scotland IT programme abandoned[注3-2]

  （スコットランド警察のIT計画が中止）

  ➡ be動詞を省略しないと「… is abandoned」か「… has been abandoned」となる

- **過去のことを表すのに現在形が使われる**

  [例] Google acquires Anvato, a media streaming and monetization platform for broadcasters[注3-3]

  （Googleが放送事業者向けメディア・ストリーミングと収益化のプラットフォームを提供するAnvatoを買収）

  ➡ Googleはすでに買収しているので、本来は「has acquired」か「acquired」となる

- **未来のことを表すのにto不定詞が使われる（【ア】）**

  [例] Kevin Turner, Microsoft Executive, to Join Citadel Securities[注3-4]

  （マイクロソフト幹部のケビン・ターナー氏がCitadel証券に入社）

  ➡ ターナー氏はこれから入社するので、本来は「will join」となる

　ただし、こういった書き方をしないタイトルも見かけます。たとえば未来を表すのに、シンプルに「will」を使うケースです。もしタイトルを読んでうまく解釈できなければ、上記の独特な方法で書かれていないかを疑ってみましょう。

⊕名詞を別の表現で言い換えることがある

　ニュース本文では**固有名詞を別の表現で言い換える**ことがよくあります。英文サンプルの【エ】では、「JLangTech Inc.」という架空の日本企業を「The Japanese company」と言い換えています。実際のニュースでは、SAP社を「The German company」、ソフトバンク社を「The Tokyo-based company」、Baidu社を「The Chinese search giant」（giantは巨大企業のこと）、Amazon社を「The e-commerce giant」と言い換えている例があります。ニュース内で「the 〜」が何を指しているかわからない場合、言い換えの可能性も考えてみましょう。

🔖 POINT

- 幅広い話題を扱うため、多様な語彙が用いられる
- 「概要→詳細」という展開が一般的
- タイトルに注目して情報収集する。独特な書き方も
- 名詞を別の表現で言い換えることがある

📘 語彙・表現解説

❶ secure
動詞 確保する
解説 形容詞の「secure」は「安全な」の意味。

❷ artificial intelligence
名詞 人工知能

❸ share
名詞 株
解説 「per share」で「1株当たり」の意味。

❹ premium
名詞 割増金

❺ close
名詞 終値、終了

❻ deal
名詞 取引

❼ biggest-ever
形容詞 過去最大の

特徴語　➡例文や解説は、読者特典を参照

- acquisition
- aim
- announce
- billion
- competitor
- confirm
- decline
- device

- earlier
- employee
- enterprise
- executive
- feature
- former
- founder
- include

- industry
- instead
- launch
- offer
- partner
- plan
- post
- potential

- public
- recent
- release
- revenue
- sale
- say
- source
- spokesperson

- startup
- statement
- tell
- vendor

頻出N-gram表現　➡例文や解説は、読者特典を参照

- according to ～
- as a result
- in other words
- in response to ～

- in the future
- in the past
- millions of ～
- no longer

- so far
- work on ～

PRACTICE

英文

GlobalBizJP Launches G-Planning, a Project Management Tool for Global Businesses

GlobalBizJP Inc. today launched G-Planning, a new project management tool for global businesses. The Japanese company will be rolling out G-Planning worldwide to paid users, including Enterprise, Business, and Premium subscription plans.

和訳

GlobalBizJPがグローバル企業向けプロジェクト管理ツールG-Planningの提供を開始

GlobalBizJP社は本日、グローバル企業向けの新しいプロジェクト管理ツール「G-Planning」の提供を開始した。同社はG-Planningを各国の有料ユーザーに向けてロールアウト（利用可能に）する。対象に含まれるのはEnterprise、Business、およびPremiumの定期購入プランだ。

02 技術ブログ
タイトルや見出しから内容を効率的に把握する

SAMPLE

How to implement I18N using JavaScript Intl

By John Doe   October 21, 2016

This post will show you how to use the Intl object to implement internationalization (I18N) on your JavaScript app. ✓ CHALLENGE
We all know that web apps can be used by anyone around the world. Such an app has to be internationalized and localized before going global.

- What is Intl?
The Intl object is a built-in object that allows you to format date and time, format numbers, and compare strings. ✓ CHALLENGE

＜略＞

- Formatting date
The first example shows how to use the Intl object to format date for several locales.

```
    // Today's date
    var myDate = new Date();

    // US English
    console.log(new Intl.DateTimeFormat('en-US').
format(myDate));  // → 10/17/2016

    // Japanese
    console.log(new Intl.DateTimeFormat('ja-JP').
format(myDate));  // → 2016/10/17
```

＜略＞

- Conclusion
In this post, I explained how to use JavaScript's Intl object. In summary, the Intl object is supported by most web browsers and lets you implement

技術ブログ

internationalization on your app.

--

2 Comments
- Jane   3 days ago
       How can I use a long date? E.g., October 17, 2016

       - John Doe
              Use options when you create an Intl object.

- Mike   5 days ago
              Great article! Thanks for sharing!

解 説

How to implement I18N using JavaScript Intl ●
❶

By John Doe   October 21, 2016

【ア】タイトルから内容が把握できれば効率的

【イ】導入。これから説明する内容を記述

This post will show you / how to use the Intl object / to implement
internationalization (I18N) / on your JavaScript app.
❷

CHALLENGE

この投稿では説明する / Intl オブジェクトを使って / 国際化
（I18N）を実装することを / あなたの JavaScript のアプリに

We all know that web apps can be used by anyone around the world. Such an
app has to be internationalized and localized before going global.
❸   ❹

- What is Intl?
❺
The Intl object is a built-in object / that allows you / to format date and time, /
format numbers, / and compare strings.
❻

＜略＞

CHALLENGE

Intl オブジェクトはビルトインのオブジェクト / これで
可能になる / 日付と時刻をフォーマットする / 数字
をフォーマットする / および文字列を比較することが

- Formatting date ●

【ウ】見出しを付けて読みやすくしている

The first example shows how to use the Intl object to format date for several locales.
❼

```
    // Today's date
    var myDate = new Date();

    // US English
    console.log(new Intl.DateTimeFormat('en-US').
format(myDate));  // → 10/17/2016

    // Japanese
    console.log(new Intl.DateTimeFormat('ja-JP').
format(myDate));  // → 2016/10/17
```

【エ】ソースコードによる例

＜略＞

【オ】末尾に結論やまとめも。長文はまずここを確認してもよい

【カ】「In summary」というディスコース・マーカー

- Conclusion
In this post, I explained how to use JavaScript's Intl object. In summary, the Intl object is supported by most web browsers and lets you implement internationalization on your app.

--

2 Comments
- Jane   3 days ago
        How can I use a long date? E.g., October 17, 2016

【キ】コメント欄から有益な情報が得られることも

        - John Doe
                Use options when you create an Intl object.

- Mike   5 days ago
                Great article! Thanks for sharing!

和 訳

JavaScriptのIntlを使ってI18Nを実装する方法

筆者 John Doe   2016/10/21

この投稿では、Intlオブジェクトを使ってJavaScriptのアプリに国際化（I18N）を実装する方法を説明します。

ご存知のように、ウェブ・アプリは世界中の誰もが利用可能です。そのようなアプリはグローバルに展開する前に、国際化と地域化をしておかなければなりません。

- Intlとは?
Intlオブジェクトはビルトインのオブジェクトで、日付と時刻のフォーマット、数字のフォーマット、さらに文字列の比較が可能です。

<略>

- 日付のフォーマット
最初の例は、Intlオブジェクトを使って複数のロケール向けに日付をフォーマットする方法を示しています。

```
// 今日の日付
var myDate = new Date();

// アメリカ英語
console.log(new Intl.DateTimeFormat('en-US').format(myDate));
// → 10/17/2016

// 日本語
console.log(new Intl.DateTimeFormat('ja-JP').format(myDate));
// → 2016/10/17
```

<略>

- 結論
この投稿では、JavaScriptのIntlオブジェクトの使用方法を説明しました。要するに、Intオブジェクトはほとんどのウェブ・ブラウザーでサポートされており、アプリに国際化を実装できます。

--

2件のコメント
- Jane　3日前
　　　　長い日付形式はどうやれば使えますか?　たとえば、「October 17, 2016」。

　　　　　　- John Doe
　　　　　　　　Intlオブジェクトの作成時にオプションを使ってください。

- Mike　5日前
　　　　すばらしい記事!　共有ありがとうございます。

●ドキュメント・タイプの特徴

● 技術的な話題をエンジニアが書くが、記事カテゴリーは多様

　技術ブログは、ソフトウェア開発者やネットワーク技術者などのエンジニアが**技術的な話題**について書いたドキュメントです。企業ブログとして書く人もいれば、個人として書く人もいます。読者は同じくエンジニアが想定されているケースが多いでしょう。

　記事のカテゴリーは、技術解説、チュートリアル、問題解決方法、ニュース、お薦め紹介（例：役立つプラグイン５つ）などと**多様**です。IT技術を扱うため、英文サンプルの【エ】のように、ソースコードやコマンドが記載されることが多いのも特徴です。

● タイトル、まとめ、見出しなどから内容を効率的に把握する

　ブログ記事には決まったディスコース構造はありません。しかし、タイトル、筆者と日付、本文、コメントといった構成要素は共通して見られます。本章01で紹介したニュース記事と似ています。そのため、ニュースのリーディング方法も参考になります。たとえば、タイトル（【ア】）からうまく情報を引き出せると、効率的に情報収集できます。

　ブログ記事に決まったディスコース構造はないと述べましたが、文章構成を工夫して読みやすくしている例はよく見られます。たとえば、冒頭で【イ】のように導入や概要を記述したり、末尾で【オ】のように結論やまとめを書いたりする構成です。長い記事であれば最初に結論やまとめの部分だけを確認し、その後で本文を細かく読んでもよいでしょう。さらに【ウ】のように、細かく見出しを付けている記事もよく目にします。長文の場合、こういった見出しだけをまず追って全体を把握するのも効果的です。

　このように、**最初に結論やまとめを確認したり、見出しだけを追ったりする**と、記事全体の要点を把握できます。これは、「スキミング」（第１章06参照）と呼ばれるテクニックです。ブログ記事は最初から最後まで順

技術ブログ

番に読む必要はありません。リーディングのテクニックを活用することで、ドキュメントの内容をうまく把握できるのです。

　また、もし見出しがない場合でも、【カ】の「In summary」（要するに）などのディスコース・マーカー（第1章04参照）でディスコースの流れを把握できます。「in summary」や「in short」といった表現は、結論や結果を示すときに用いられます。見出しがない記事では手がかりとなるディスコース・マーカーがないか注意を払いましょう。

⊕ 書き慣れていない人の記事は読解に苦労することも

　ニュースと似ている部分もありますが、ブログ記事ではカジュアルな表現や話し言葉が用いられることもあります。特に個人ブログは校閲を経ていないので、スペルミスや文法ミスも存在します。そのため、辞書を調べても表現や単語が見つからないこともあるでしょう。

　また、ブログ記事は必ずしもライティングに慣れた人が書くわけではありません。論理展開や言語表現が上手とはいえない記事もよく見られます。その結果、読者は英文読解に苦労することもあります。しかし、これは読み手ではなく書き手の側の問題なので、よく理解できなくても自信をなくさないようにしましょう。日本語ネイティブであっても必ずしも上手に日本語記事を書けないのと同じです。

⊕ コメント欄からも情報を得る

　ドキュメントとしてブログ記事で特徴的なのは、【キ】のようにコメント欄が設けられている点でしょう。同じエンジニアである読者が質問をしたり補足説明したりします。そういった質問を受け、筆者が回答を投稿することもあります。そのため、**コメント欄には有益な情報が書き込まれている**ことがあります。興味深いブログ記事を見つけたら、コメント欄にも目を通してみてください。

POINT

- 技術的な話題をエンジニアが書くが、記事カテゴリーは多様
- タイトル、まとめ、見出しなどから内容を効率的に把握する
- 書き慣れていない人の記事は読解に苦労することも
- コメント欄からも情報を得る

語彙・表現解説

❶ implement
動詞 実装する

❷ internationalization
名詞 インターナショナリゼーション、国際化

❸ internationalize
動詞 国際化する、インターナショナライズする
解説 特定の言語や地域に依存しない形にソフトウェアを汎用化すること。

❹ localize
動詞 地域化する、ローカライズする
解説 特定の言語や地域に合うようソフトウェアを特殊化すること。大部分が翻訳作業。

❺ built-in
形容詞 ビルトインの、組み込みの

❻ format
動詞 フォーマットする、書式を整える

❼ locale
名詞 ロケール
解説 言語と国の組み合わせ。アメリカ英語は「en-US」、イギリス英語は「en-GB」など、コードで示すことが多い。

特徴語　→ 例文や解説は、読者特典を参照

- above
- article
- awesome
- below
- build
- code
- command
- comment
- common
- conclusion
- content
- crucial
- device
- directly
- execute
- figure
- following
- fortunately
- here
- mean
- post
- query
- reply
- repository
- run
- share
- similar
- straightforward
- summary
- support
- tutorial
- typically

🔹 頻出N-gram表現　➡例文や解説は、読者特典を参照

- as you can see
- let's ～
- make sure that ～
- see if ～
- take a look at ～
- thanks for ～

📌 PRACTICE

英文

Conclusion
pSimpleGraph is a lightweight PHP library for drawing beautiful graphs. This library provides classes and methods that help you draw 2D and 3D graphs with ease.

和訳

結論
pSimpleGraphは、美しいグラフを描画できる軽量なPHPライブラリーです。このライブラリーは、2Dと3Dのグラフを簡単に描画できるクラスとメソッドを提供します。

COLUMN　blogの語源

　「blog」は比較的新しい言葉ですが、どう誕生したのでしょうか。これは、「web」と「log」からできたとされています。webはウェブサイトのweb、logは記録という意味です。当初、ウェブサイトを使った記録は「weblog」と名付けられていました。しかしある日、誰かが遊び心でwe blogと分割して表記したそうです。weはもちろん「私たち」という意味です。残った「blog」が単語として独立したというわけです。現在ではブログという名詞としても、ブログを書くという動詞としても使われています。

　logは「記録」という意味だと述べましたが、ではこの語源は何でしょうか。昔、航海中に船の速度や移動距離を測定する目的で、木片（log。ログハウスのログ）をくくり付けたロープを流していました。このように航海中に得られた情報を記録したのがlogbook（航海日誌）です。ここから記録という意味が生まれたようです。

03 マニュアル
操作手順や見出しに使われる動詞を読み取る

SAMPLE

MyExpenseTracker
User Guide

Table of Contents

What is MyExpenseTracker? 2
System Requirements 4
Installing MyExpenseTracker 5
Setting a User Account 6
Adding Data 7
Editing and Deleting Data 8
＜略＞
Glossary
Index

What is MyExpenseTracker?

MyExpenseTracker is a smartphone application that allows you to track expenses of your business. **✓ CHALLENGE**

＜略＞

Adding Data

You can add expense data such as postage, stationery, and books.

To add a new entry:
1. From the calendar, choose a date.
2. In the Details field, add an explanation of your expense.
3. In the Amount field, enter the amount of money.
4. Touch the Enter button.

Editing and Deleting Data

You can edit and delete an entry that you have previously added to the software. **✓ CHALLENGE**

To edit an existing entry:
1. Touch the Data menu.

マニュアル

2. From the data list, choose an entry to edit.
3. Touch the Edit button.
4. From the dialog that appears, edit the information as needed.
5. Touch the Finish button.

*Note: You need an Administrator privilege to edit or delete an entry.
<略>

解説

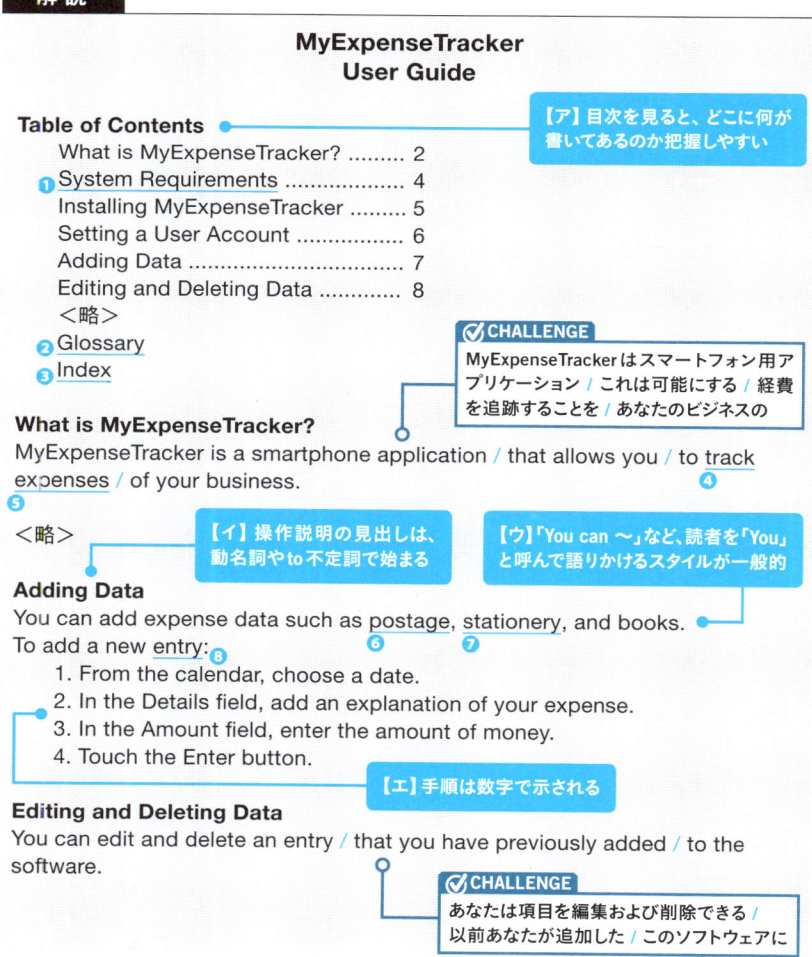

MyExpenseTracker
User Guide

Table of Contents

What is MyExpenseTracker? 2
System Requirements 4
Installing MyExpenseTracker 5
Setting a User Account 6
Adding Data 7
Editing and Deleting Data 8
<略>
Glossary
Index

【ア】目次を見ると、どこに何が書いてあるのか把握しやすい

What is MyExpenseTracker?
MyExpenseTracker is a smartphone application / that allows you / to track expenses / of your business.

CHALLENGE
MyExpenseTrackerはスマートフォン用アプリケーション / これは可能にする / 経費を追跡することを / あなたのビジネスの

<略>

【イ】操作説明の見出しは、動名詞やto不定詞で始まる

【ウ】「You can 〜」など、読者を「You」と呼んで語りかけるスタイルが一般的

Adding Data
You can add expense data such as postage, stationery, and books.
To add a new entry:
    1. From the calendar, choose a date.
    2. In the Details field, add an explanation of your expense.
    3. In the Amount field, enter the amount of money.
    4. Touch the Enter button.

【エ】手順は数字で示される

Editing and Deleting Data
You can edit and delete an entry / that you have previously added / to the software.

CHALLENGE
あなたは項目を編集および削除できる / 以前あなたが追加した / このソフトウェアに

To edit an existing entry:
1. Touch the Data menu.
2. From the data list, choose an entry to edit.
3. Touch the Edit button.
4. From the dialog that appears, edit the information as needed. ⑨
5. Touch the Finish button.

*Note: You need an Administrator privilege to edit or delete an entry.
<略> ⑩ ⑪

 **和 訳**

MyExpenseTracker
ユーザー・ガイド

目次

MyExpenseTrackerとは 2
システム要件 4
MyExpenseTracker のインストール 5
ユーザー・アカウントの設定 6
データの追加 7
データの編集および削除 8
<略>
用語集
索引

MyExpenseTrackerとは

MyExpenseTracker は、御社のビジネスで発生する経費を追跡できるスマートフォン用アプリケーションです。

<略>

データの追加

郵便料金、文房具、書籍などの経費データを追加できます。

新しい項目を追加するには：
1. カレンダーから日付を選択します。
2.「詳細」フィールドで、経費の説明を追加します。
3.「総額」フィールドで、金額の合計を入力します。
4.「入力」ボタンをタッチします。

マニュアル

データの編集および削除
このソフトウェアに以前追加した項目を編集および削除できます。

既存の項目を編集するには：
1. 「データ」メニューをタッチします。
2. データ一覧から編集対象の項目を選択します。
3. 「編集」ボタンをタッチします。
4. 表示されるダイアログで、必要に応じて情報を編集します。
5. 「終了」ボタンをタッチします。

＊注：項目を編集または削除するには、管理者権限が必要です。
＜略＞

●ドキュメント・タイプの特徴

●使用方法を説明したドキュメントで、目的別に種類がある

　マニュアルは、製品やサービスの**使用方法を説明したドキュメント**です。IT分野の場合、エンジニアやテクニカル・ライターが書き、同じくエンジニアや一般ユーザーが読みます。

　マニュアルと一口にいっても、**目的によっていくつかの種類があります**。たとえば、一般ユーザー向けであればUser guide（ユーザー・ガイド）、エンジニアや専門家向けであればConfiguration guide（構成ガイド）、Service manual（保守マニュアル）、Installation manual（設置マニュアル）などと呼ばれます。

●目次と索引を活用して求める情報を見つける

　マニュアルは最初から最後まで通読するというより、必要なときに必要な部分だけを読むことが多いでしょう。そのため、読者が求める情報をすばやく見つけられるような構成になっています。

　まず冒頭には、「目次」（英語でContentsやTable of Contents）が設けられています。目次を見ると、章や節のタイトルや見出しを確認できます。

たとえば英文サンプルの【ア】にある「System Requirements」(システム要件)や「Adding Data」(データの追加)です。第1章の**06**では、要点だけを押さえて読む「スキミング」というリーディング・テクニックを紹介しました。目次を利用すると、**ドキュメント全体の要点をすばやく把握**できます。

　さらに末尾には、「索引」(Index)が付属していることもあります。索引では、あるキーワードがマニュアルのどこ(何ページ)に登場するのかがまとめられています。**キーワードから情報を探したい**場合は索引を使いましょう。

　このように、求める情報を見つけるには目次や索引を活用します。

図3-1　目次と索引の活用法

目次	ドキュメント全体の要点をすばやく把握できる
索引	キーワードから情報を探すことができる

◎ 操作手順は命令形で簡潔に書かれる

　マニュアルは、その性質上、操作手順の説明が中心となります。操作の各手順は、数字を使って順番に記述されるのが普通です。英文サンプルの【エ】の部分です。

　操作の説明には、【オ】のように動詞の**命令形**(例:Touch the Data menu.)が一般的に用いられます。日本語では「〜ください」という丁寧な表現が使われますが、英語では「Please」を省きます。これは英語マニュアルの慣習なので、「Pleaseを付けないなんて失礼だな……」と勘違いしないようにしましょう。**簡潔さが重視される**のです。

　こういった操作の説明は、「From the calendar, choose a date.」(【エ】)

のように、読者の視点移動に沿って記述されることが多くなっています。読者はまずカレンダー（calendar）を見つけ、そこから日付（date）を選択するため、その流れで説明したほうがわかりやすいからです。

　またマニュアルの説明では、【ウ】のように「you」を使って読者に語りかけるスタイルが一般的です（例：You can 〜）。同様に、ユーザーの所有物は「your」を使って指し示します（例：your business）。

○ 操作手順の見出しにはto不定詞や動名詞が使われる

　上記のような操作手順の前には、「見出し」が付けられています。英文サンプルの【イ】です。操作手順の見出しは、**to不定詞**（例：To add 〜）や**動名詞**（例：Adding 〜）が頻繁に用いられます。これはユーザーの視点に立って、ユーザーが行うアクションを動詞で表現するためです。

　前述のように、見出しはまとめて「目次」に表示されます。そのため自分がどのような操作やアクションをしたいのか、to不定詞や動名詞に注目して目次を読むようにしましょう。

POINT

- 使用方法を説明したドキュメントで、目的別に種類がある
- 目次と索引を活用して求める情報を見つける
- 操作手順は命令形で簡潔に書かれる
- 操作手順の見出しにはto不定詞や動名詞が使われる

語彙・表現解説

❶ system requirement
名詞 システム要件

❷ glossary
名詞 用語集

❸ index
名詞 索引

❹ track
動詞 追跡する

❺ expense
名詞 経費

❻ postage
名詞 郵便料金

❼ stationery
名詞 文房具
解説 「stationary」（静止した）とはスペル
が似ているので注意。

❽ entry
名詞 登録項目

❾ as needed
一 必要に応じて

❿ note
名詞 注記

⓫ privilege
名詞 特権

特徴語 ➡ 例文や解説は、読者特典を参照

• adjust	• describe	• maximum	• register	• swipe
• administration	• detail	• navigate	• related	• synchronize
• appear	• determine	• orientation	• resize	• tap
• apply	• display	• overview	• restart	• then
• attach	• edit	• press	• rotate	• tip
• browse	• expand	• prevent	• safety	• troubleshooting
• cause	• general	• procedure	• search	• upper-left
• caution	• installation	• prompt	• separate	• warning
• confirm	• issue	• recommend	• status	• where
• connect	• manually	• refer	• step	

頻出N-gram表現 ➡ 例文や解説は、読者特典を参照

- ~ allows you to …
- at any time
- at the bottom of ~
- at the top of ~
- depending on ~
- for more information about ~
- one of the following
- one or more
- press and hold

PRACTICE

英文

To export a photo:
1. In MyPhotos, choose File > Export.
2. In the Export window, specify a file format and a destination folder.
3. Click OK.

和 訳

写真をエクスポートするには：
1. MyPhotosで「ファイル」>「エクスポート」を選択します。
2.「エクスポート」ウィンドウでファイル形式とエクスポート先フォルダーを指定します。
3.「OK」をクリックします。

COLUMN Caution、Warning、Danger はどう違う？

　マニュアルには注意を促す言葉として、Caution、Warning、Dangerが登場しますが、どう違うのでしょうか。これらは深刻さの度合いによって使い分けられます。

　ISOやANSIといった規格では、人命や大けがに直ちに関わる場合はDanger（危険）、人命や大けがに関わる可能性がある場合はWarning（警告）、けがに関わる可能性がある場合はCaution（注意）が用いられます。つまり、Danger ＞ Warning ＞ Caution、という順で深刻さの度合いが高いのです。ただし、ソフトウェア・マニュアルでは別の意味で使われることもあります。読んでいるマニュアルではどういった意味で使われているのかを確認するようにしましょう。またこれら以外にも、NoteやNotice（注、注記）という言葉が用いられることがあります。

04 仕様書
目次で全体像を把握し、用語集で誤解を防ぐ

SAMPLE

Software Requirements Specification for MyExpenseTracker
Version 1.0

Table of Contents
1. Introduction
  1.1 Purpose
  1.2 Scope
  1.3 Definitions
  ＜略＞
2. Overall description
  2.1 Product perspective
  2.2 Product functions
  2.3 User characteristics
  2.4 Constraints
3. Specific requirements
  3.1 External interfaces
  3.2 Functions
  3.3 Usability requirements
  3.4 Logical database requirements
  ＜略＞
4. Appendices
  4.1 Assumptions and dependencies
  4.2 Acronyms and abbreviations
5. Index

1. Introduction
1.1 Purpose　⊘CHALLENGE

The purpose of this document is to describe the requirements for MyExpenseTracker, a smartphone application for tracking expenses. This document is primarily intended for development team members, including project managers, software designers, and developers.
＜略＞

2.2 Product functions

1. A user can add expense data related to his/her business.

仕様書

115

2. A user can edit, update, or delete existing data.
＜略＞
＜略＞

3. Specific requirements
3.1 External interfaces
A. User Interfaces
1. The software shall have a graphical user interface (GUI) that allows a user to view and edit expense data. 🛡CHALLENGE
＜略＞

解説

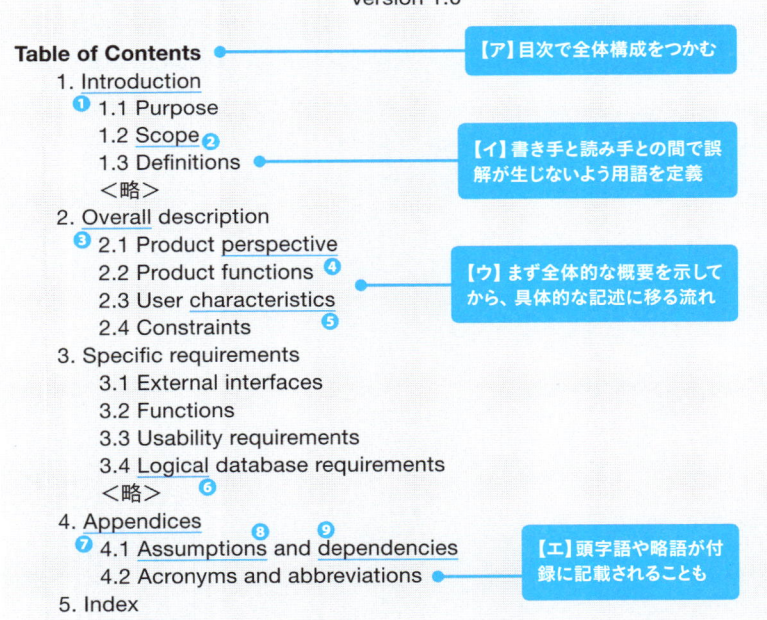

Software Requirements Specification for MyExpenseTracker
Version 1.0

Table of Contents ● 　【ア】目次で全体構成をつかむ

1. Introduction
   ❶ 1.1 Purpose
   1.2 Scope ❷
   1.3 Definitions ● 　【イ】書き手と読み手との間で誤解が生じないよう用語を定義
   ＜略＞
2. Overall description
   ❸ 2.1 Product perspective
   2.2 Product functions ❹
   2.3 User characteristics 　【ウ】まず全体的な概要を示してから、具体的な記述に移る流れ
   2.4 Constraints ❺
3. Specific requirements
   3.1 External interfaces
   3.2 Functions
   3.3 Usability requirements
   3.4 Logical database requirements
   ＜略＞ ❻
4. Appendices
   ❼ 4.1 Assumptions and dependencies ❽ ❾
   4.2 Acronyms and abbreviations ● 　【エ】頭字語や略語が付録に記載されることも
5. Index

1. Introduction
1.1 Purpose

本文書の目的は / MyExpenseTracker の
要求事項を記述することだ / これは経費
追跡用スマートフォン・アプリケーション

The purpose of this document is / to describe the requirements for
MyExpenseTracker, / a smartphone application for tracking expenses.
This document is primarily intended for development team members,
including project managers, software designers, and developers.
<略>

2.2 Product functions
1. A user can add expense data related to his/her business.
2. A user can edit, update, or delete existing data.
<略>

<略>

3. Specific requirements
3.1 External interfaces

【オ】shall などの助動詞が特徴的に用いられる

A. User Interfaces
1. The software shall have a graphical user interface (GUI) / that allows a
user / to view and edit expense data.
<略>

本ソフトウェアはグラフィカル・ユーザー・インターフェ
イス（GUI）を備えるものとする / これはユーザーを可能
にする / 経費データを表示および編集することを

仕様書

和 訳

MyExpenseTracker ソフトウェア要求仕様書
バージョン1.0

目次

1. はじめに
    1.1 目的
    1.2 範囲
    1.3 定義
    <略>
2. 概要説明
    2.1 製品の位置付け
    2.2 製品の機能
    2.3 ユーザー特性
    2.4 制約
3. 具体的要求
    3.1 外部インターフェイス
    3.2 機能

　　　3.3 ユーザビリティー要求
　　　3.4 論理データベース要求
　　　＜略＞
　　4. 付録
　　　4.1 前提条件と依存関係
　　　4.2 頭字語と略語
　　5. 索引

1. はじめに
1.1 目的
本文書の目的は、経費追跡用スマートフォン・アプリケーションである MyExpenseTracker の要求事項を記述することである。この文書は、プロジェクト・マネージャー、ソフトウェアの設計者および開発者を含む開発チーム・メンバーを主な対象読者としている。
　＜略＞

2.2 製品の機能
1. ユーザーは、ユーザーのビジネスに関連した経費データを追加できる。
2. ユーザーは、既存のデータを編集、更新、または削除できる。
　＜略＞
＜略＞

3. 具体的要求
3.1 外部インターフェイス
A. ユーザー・インターフェイス
1. 本ソフトウェアは、ユーザーが経費データを表示および編集できるグラフィカル・ユーザー・インターフェイス（GUI）を備えるものとする。
　＜略＞

●ドキュメント・タイプの特徴

⊕製品やサービスが満たす要件や基準を記述する

　ITエンジニアに向けて書かれる仕様書とは、**製品やサービスが満たす要件や基準が記述されているドキュメント**です。

　仕様書には種類があります。まず英文サンプルで挙げているドキュメントは、ソフトウェア要求仕様書です。この仕様書では開発予定のソフトウェアやシステムが満たすべき要件を記述しています[注3-5]。設計者や開発

者は、ここに書かれている要件を満たすように設計し、開発を進めます。

　さらに、標準化団体などが技術仕様や基準を記述したドキュメントも仕様書の一種です。具体的には、インターネットで用いられるTCPやHTTPなどの「RFC」（Request for Comments）が代表例でしょう。

✚ 目次で全体像が把握できるようにしている

　仕様書は設計者や開発者が読んで理解し、きっちりと設計や実装ができることを目的に書かれています。そのため、理解を促進するようなディスコース構造を取っています。

　比較的大規模な仕様書の場合、まず英文サンプルの【ア】のように「目次」（Table of Contents）で**全体の見取り図を示す**ことが普通です。目次がある仕様書ではいきなり本文を読み始めるのではなく、まず目次に注目して全体構成をつかみましょう。目次は、「スキミング」（第1章06参照）をするのにも役立ちます。効率的に要点を把握したいときは目次を活用してください。

　また本文も、最初に概要、その後に具体的な説明という構造が多くなっています。たとえば【ウ】を見ると、まず「2. Overall description」で全般的な説明をし、その後の「3. Specific requirements」で具体的な要件を記述していることがわかります。このように「**概要→詳細**」という構造を取ることで、読みやすくしようとしている仕様書がよく見られます。

✚ 助動詞で義務、禁止、推奨などを表現する

　仕様書では、曖昧さのない明確な表現が好まれます。特徴的に現れているのは助動詞でしょう。RFCの場合、助動詞で示される義務や禁止の程度は以下の通りとされています[注3-6]。

表3-1　RFCで使われる助動詞の意味	
must、shall（またはrequired）	義務。絶対的な要件
must not、shall not	絶対的な禁止
should（またはrecommended）	推奨。可能な限りしたほうがよい
should not（またはnot recommended）	非推奨。可能な限りしないほうがよい
may（またはoptional）	任意。してもよい

　この中で最も強いのがmustとshall、次いでshould、最も弱いのがmay
だといえます。特に「shall」は仕様書では頻出するものの、日常的な英語
ではあまり使いません。強い表現であることを覚えておきましょう。英文
サンプルの【オ】で使われています。このような助動詞の使い方は、第
2章04の使用許諾契約に近いといえます。
　ちなみにRFCでは、曖昧さを排除するために「ABNF」（Augmented
Backus–Naur Form：拡張バッカス・ナウア記法）という記法[注3-7]を用いる
ことがあります。本書では解説しませんが、ABNFの読み方を知っておく
とRFCをより深く理解できます。

⊕ 用語集や索引も活用して理解を深める

　仕様書には補足的な情報が盛り込まれています。うまく活用すると仕
様書の理解を深めるのに役立ちます。
　まず「**用語集**」です。用語は、書き手と読み手との間で誤解が生じな
いよう、意味を明確に定義した言葉です。本文中の「Definitions」（定
義）という項目（【イ】）にまとめられたり、ドキュメント末尾の付録に用
語集（glossary）として入っていたりします。頭字語（acronym）や略語
（abbreviation）という見出しで記載されることもあります（【エ】）。仕様書
を読んでいて解釈に迷う言葉に遭遇したら用語集を確認しましょう。
　また、「**索引**」（index）も活用できます。索引には、あるキーワードが何
ページに記載されているのかがまとめられています。求める情報を効率
的に見つけるには索引を使うと便利です。

- 製品やサービスが満たす要件や基準を記述する
- 目次で全体像が把握できるようにしている
- 助動詞で義務、禁止、推奨などを表現する
- 用語集や索引も活用して理解を深める

語彙・表現解説

❶ introduction

名詞 序論、はじめに

解説 本論に導入する（introduce）部分のこと。

❷ scope

名詞 範囲

解説 プログラミングでは変数の「有効範囲」の意味でscopeが使われることもある。

❸ overall

形容詞 全体の

❹ perspective

名詞 位置付け

解説 「見方」や「遠近法」という訳語もあるが、ここではシステム全体の中でどう位置付けられるのかを表す。

❺ characteristic

名詞 特徴、特性

❻ logical

形容詞 論理の

解説 IT分野では「physical」（物理の）が対義語になることがある。

❼ appendices

名詞 付録

解説 appendixの複数形。

❽ assumption

名詞 前提条件

❾ dependency

名詞 依存関係

仕様書

特徴語　➡ 例文や解説は、読者特典を参照

- additional
- allow
- any
- appendix
- appropriate
- associate
- available
- complete
- consideration
- constraint
- define
- describe
- description
- document
- external
- functionality
- identify
- implementation
- indicate
- intend
- invalid
- multiple
- operation
- optional
- particular
- process
- protocol
- provide
- reference
- require
- requirement
- section
- single
- specific
- specification
- specify
- transfer
- unique
- valid
- value
- via
- within

頻出N-gram表現　➡ 例文や解説は、読者特典を参照

- according to ～
- as described in ～
- based on ～
- if any
- note that ～
- prior to ～
- result in ～
- such as ～
- the following ～

PRACTICE

英文

3.1 External Interface Requirements
3.1.1 User Interfaces
All users interact with the project management system via a web browser. The following web browsers shall be supported: Internet Explorer 11 and later; Firefox 48 and later; Google Chrome 56 and later; and Safari 10 and later.

和訳

3.1 外部インターフェイス要件
3.1.1 ユーザー・インターフェイス
すべてのユーザーはウェブ・ブラウザー経由で本プロジェクト管理システムとやり取りする。以下のウェブ・ブラウザーをサポートするものとする：Internet Explorer 11以降、Firefox 48以降、Google Chrome 56以降、およびSafari 10以降。

05 Q&Aサイト
何のQ&Aか質問タイトルから想像する

SAMPLE

How to generate a random number between 1 and N in JavaScript?

▲ **153** ▼
[javascript] [number]

I want to generate a random integer or whole number between 1 and N in JavaScript. (e.g., If I specify 24, I get an integer from 1 to 24.) ✅ CHALLENGE
How do I do this?

> Asked by JohnRoe
> Oct 24, 2016 9:26am

2 Answers
Sort by [votes]

▲ **98** ▼
Try this:
```
var myNum = 24;
var myRandomNum = Math.floor(Math.random() * myNum) + 1;
```

The Math.random() function returns a random number between 0 (inclusive) and 1 (exclusive), which is multiplied by the number you specify.
Then the Math.floor() function rounds the number down to the nearest integer. Finally you add one to it.

✅ CHALLENGE
> Answered by MikeJ
> Oct 26, 2016 10:13am

▲ **12** ▼
FYI, I'd recommend reading this article. The example in it may be helpful.

> Answered by LSuzuki
> Oct 24, 2016 5:38pm

解 説

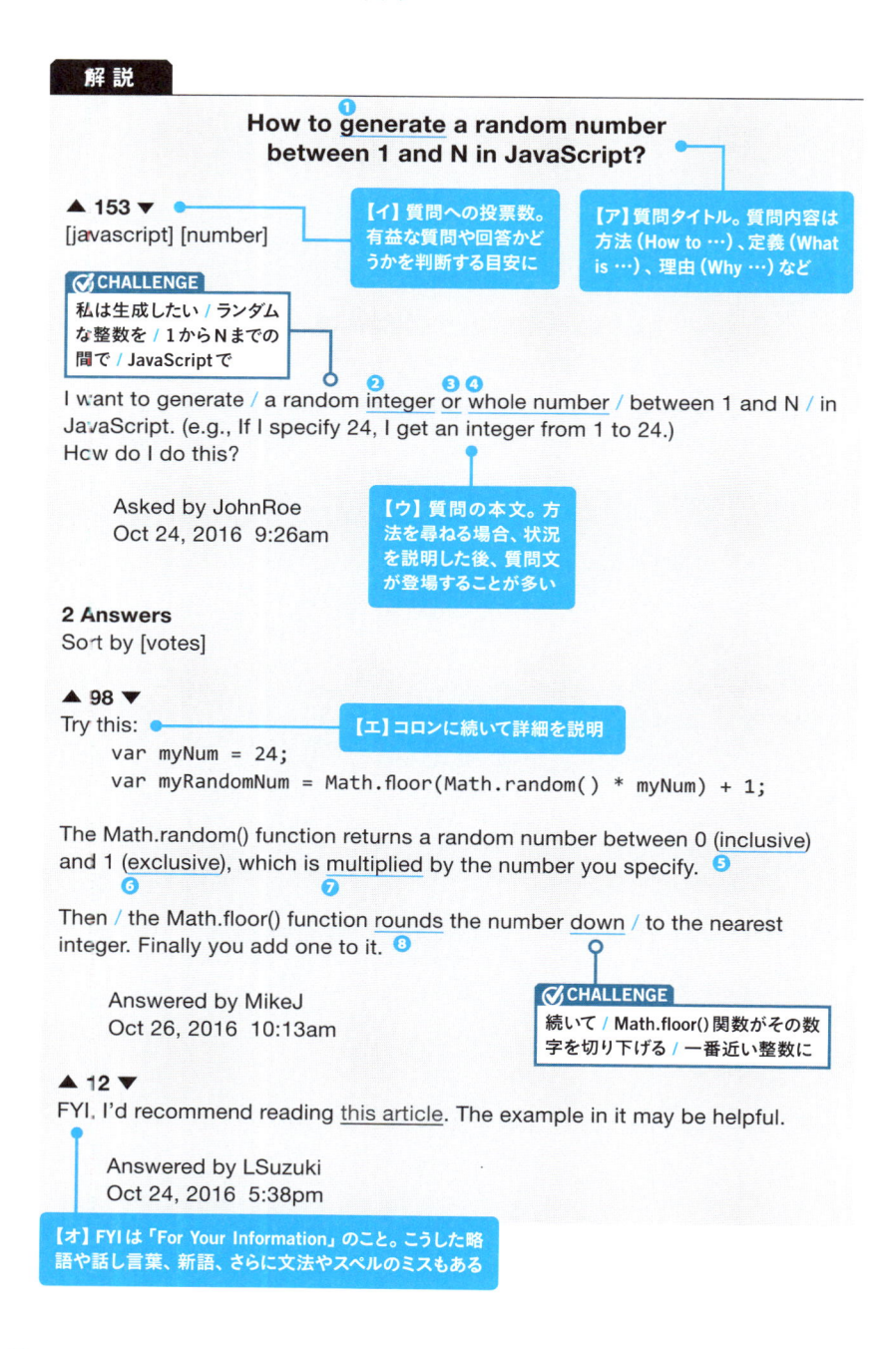

How to generate a random number between 1 and N in JavaScript?

▲ 153 ▼
[javascript] [number]

✓ CHALLENGE
私は生成したい / ランダムな整数を / 1からNまでの間で / JavaScriptで

【イ】質問への投票数。有益な質問や回答かどうかを判断する目安に

【ア】質問タイトル。質問内容は方法（How to …）、定義（What is …）、理由（Why …）など

I want to generate / a random integer or whole number / between 1 and N / in JavaScript. (e.g., If I specify 24, I get an integer from 1 to 24.) How do I do this?

Asked by JohnRoe
Oct 24, 2016 9:26am

【ウ】質問の本文。方法を尋ねる場合、状況を説明した後、質問文が登場することが多い

2 Answers
Sort by [votes]

▲ 98 ▼
Try this:

【エ】コロンに続いて詳細を説明

```
var myNum = 24;
var myRandomNum = Math.floor(Math.random() * myNum) + 1;
```

The Math.random() function returns a random number between 0 (inclusive) and 1 (exclusive), which is multiplied by the number you specify.

Then / the Math.floor() function rounds the number down / to the nearest integer. Finally you add one to it.

Answered by MikeJ
Oct 26, 2016 10:13am

✓ CHALLENGE
続いて / Math.floor() 関数がその数字を切り下げる / 一番近い整数に

▲ 12 ▼
FYI, I'd recommend reading this article. The example in it may be helpful.

Answered by LSuzuki
Oct 24, 2016 5:38pm

【オ】FYI は「For Your Information」のこと。こうした略語や話し言葉、新語、さらに文法やスペルのミスもある

JavaScriptで1～N間でランダムな数字を生成する方法は?

▲ 153 ▼
[javascript] [数字]

JavaScriptで1からNまでの間でランダムな整数を生成したいと考えています(たとえば、24を指定すると1～24のランダムな整数が得られる)。
これは、どうやればよいのでしょうか?

> 質問者 JohnRoe
> 2016年10月24日 9:26am

2つの回答
ソート順: [得票数]

▲ 98 ▼
これを試してみてください:

```
var myNum = 24;
var myRandomNum = Math.floor(Math.random() * myNum) + 1;
```

Math.random()関数は0以上1未満のランダムな数字を返し、これが指定した数字と乗算されます。
続いてMath.floor()関数がその数字を一番近い整数に切り下げます。最後に、これに1を足します。

> 回答者 MikeJ
> 2016年10月26日 10:13am

▲ 12 ▼
参考までに、この記事を読むことを勧めます。記事にある例が役に立つかもしれません。

> 回答者 LSuzuki
> 2016年10月24日 5:38pm

Q&Aサイト

●ドキュメント・タイプの特徴

✚エンジニアどうしで質問し回答。話し言葉や文法ミスなども

　Q&Aサイトでは、直面している問題や疑問についてエンジニアがウェブ上で質問を投げかけ、ほとんどの場合エンジニアが回答します。**質問する側も回答する側もエンジニアという立場である**点が特徴です。Stack Overflowなどのコミュニティー・サイトや、各IT企業が提供するエンジニア向けサポート・サイトが代表的なQ&Aサイトでしょう。

　言語的には第2章**06**と同様、**話し言葉や略した言葉が頻繁に見られます**。たとえば、英文サンプルの【オ】の「FYI」はFor Your Information（参考までに）の略です。また、一般的な英和辞典に載っていないような**新しい表現**が用いられることもあります。その場合、「Urban Dictionary」（第4章**03**参照）などの新語サイトも活用してください。さらに、英語のライティングに慣れていない質問者や回答者も多いので、文法ミスやスペルミスもあります。ユーザーが手軽に投稿できるテキストでは、編集や校正を経た書籍やニュースなどにはない表現や誤りが出現する点に注意しましょう。

✚方法、定義、原因など、何のQ&Aかタイトルから想像する

　Q&Aなのでまず質問が投稿され、その後に回答が書き込まれています。各質問には、内容がすぐにわかるようなタイトルが付けられます。尋ねる内容は主に「方法」、「定義」、「原因」や「理由」などです。Q&Aサイトで自分に役立つ投稿を効率的に探すには、**質問タイトルからうまく内容を想像できるようにしましょう**。

　たとえば、何らかの「方法」を尋ねている場合は「How can I（How do I）…?」や「How to …?」、何かの「定義」を尋ねている場合は「What is（are）…?」、エラーや現象の「原因」や「理由」を尋ねている場合は「Why …?」といった表現が用いられます。

その中でもとりわけ多いのは方法を尋ねる質問です。英文サンプルの【ア】にある「How to generate a random number between 1 and N in JavaScript?」のように、「How to … ?」という表現がよく見られます。実のところ、この文は主語がないので文法的にはおかしいのですが、頻繁に目にする表現です。省略で簡潔に表現しているといえるでしょう。

➕ 方法を尋ねる場合、状況説明に続いて質問内容が書かれる

そのような方法を尋ねる質問の本文では、**まず質問者が置かれている状況を説明し、その後で質問内容が書かれる**というディスコース構造がよく見られます。たとえば【ウ】に示すような流れで、まず「JavaScriptで1からNまでのランダムな整数を取得したい」という状況を説明し、続いて「どうすればよいか？」と質問しています。

それに対する回答は質問内容に沿ったものになりますが、特にプログラミングに関する質問ではソースコードで具体例を挙げることが多くなっています。具体例や詳細を挙げる際は、「以下の〜」を表す「following」やコロン（ : ）がよく用いられます。英文サンプルの【エ】の部分です。コロンが説明や例示などの導入に使われることは第1章03でも触れました。

➕ 質問や回答の信頼性は得票数で推測する

ユーザーによる回答であるため、内容が不十分であったり不適切であったりすることもあります。そこで多くのQ&Aサイトには投票システムが備わっています。回答の信頼性を測るには、この**得票数**（votes）を活用しましょう。信頼できる、または役に立つ回答は多くの票を得ています。【イ】に示すような数字です。また、回答者のプロフィールを閲覧できる場合、レベル、バッジ、その他の活動履歴といった情報も参考になります。その分野の専門家であることがわかれば、回答の信頼性も高まります。

🔍 POINT

- エンジニアどうしで質問し回答。話し言葉や文法ミスなども
- 方法、定義、原因など、何のQ&Aかタイトルから想像する
- 方法を尋ねる場合、状況説明に続いて質問内容が書かれる
- 質問や回答の信頼性は得票数で推測する

📖 語彙・表現解説

❶ generate
動詞 生成する

❷ integer
名詞 整数

❸ or
接続詞 すなわち、つまり
解説 orは「または」以外にも「すなわち」という言い換えにも使われる。英文サンプルのようにorの前後が同じ意味の場合、言い換えとなる。

❹ whole number
名詞 整数

❺ inclusive
形容詞 含んだ
解説 英文サンプルの「0 (inclusive)」の場合、0を含む、つまり「0以上」のこと。

❻ exclusive
形容詞 含まない
解説 英文サンプルの「1 (exclusive)」の場合、1を含まない、つまり「1未満」のこと。

❼ multiply
動詞 掛ける、乗算する

❽ round down
動詞 切り下げる
解説 対義語は「round up」（切り上げる）。

💡 特徴語 ➡ 例文や解説は、読者特典を参照

- alternatively
- any
- appreciate
- code
- compile
- contain
- conversion
- deploy
- e.g.
- exception
- following
- format
- given
- i.e.
- now
- option
- parenthesis
- performance
- placeholder
- possible
- quote
- random
- recommend
- scope
- simple
- so
- solution
- storage
- suppose
- useful
- variable
- way
- work

頻出N-gram表現 ➡ 例文や解説は、読者特典を参照

- as of 〜
- as pointed out
- go on
- I am trying to 〜
- how come
- in a nutshell
- in other words
- on the other hand
- same here
- something like 〜
- the problem is 〜
- vice versa
- work on 〜

☛PRACTICE

英文

JavaScript: How to remove a specific element from an array?

Let's say I have an array of strings:
```
var myArray = ["ABC", "DEF", "GHI", "JKL"];
```
I want to remove the element named "DEF" from it.
How do I do this?

和訳

JavaScript：配列から特定の要素を削除するには？

以下のような文字列の配列を持っているとします：
```
var myArray = ["ABC", "DEF", "GHI", "JKL"];
```
ここから「DEF」という名前の要素を削除したいと考えています。
どうすればできますか？

Q
&
A
サ
イ
ト

アクセスキー **A**

COLUMN メールで使われる略語

英文メールでは略語が使われることもあります。頻繁に用いられるものをいくつか見てみましょう。

- ASAP：as soon as possible（できるだけ早く）
- BTW：by the way（ところで）
- FYI：for your information（参考までに）
- Re: ～：regarding ～（～の件）
- TBD：to be determined（後日決定）
- w/o：without（～なしで）

また、アメリカは国内で時差がある上に、夏時間と標準時間があります。この時間帯を表すのにも略語が用いられます。東部時間（ニューヨークなど）と太平洋時間（サンフランシスコなど）について見てみます。

- EDT：Eastern Daylight Time（東部夏時間）
- EST：Eastern Standard Time（東部標準時間）
- PDT：Pacific Daylight Time（太平洋夏時間）
- PST：Pacific Standard Time（太平洋標準時間）

わからない略語があったら、辞書やウェブで調べてみましょう。

英語ができない人のための
必須ツール

リーディングで役に立つさまざまなツールを紹介します。
ここで紹介する辞書ツールなどをうまく活用することで、
リーディングは楽になります。

01 基本となる英和辞典

　第1章02で述べたように、読解力の約3分の2は語彙知識から説明できるともいわれています。そのため、言葉を調べるための英和辞典はリーディングで基本となるツールです。

　英和辞典には、昔からある紙のものや専用端末のものがあります。本節ではウェブ上で、無料でアクセスできる英和辞典を紹介します。パソコンやスマートフォンにウェブ・ブラウザーさえインストールされていれば手軽に利用できるからです。さらに、ウェブ上にあるため新しい言葉が適宜追加されたり、紙とは違って発音が実際に聞けたりといった利点もあります。以下ではWeblioと英辞郎の2つを取り上げます。

▶ 最初に引くなら「Weblio英和・和英辞典」

　「**Weblio英和・和英辞典**」の特長は、複数の英和辞典をまとめて検索できるところにあります。その中心となっているのは研究社の『新英和中辞典』です。実績があり信頼できる英和辞典です。たとえば、Weblioで「performance」という単語を調べた結果の画面が図4-1です。複数の辞書からの結果が表示されており、「研究社　新英和中辞典」の部分にスクロールしています。

📖**参照**

Weblio英和・和英辞典：**http://ejje.weblio.jp/**

図4-1 Weblio英和・和英辞典の検索結果例（1）

weblio
英和辞典・和英辞典　1009万語 収録！

英和和英辞典　英語例文　英語類語　共起表現　英単語帳　英語翻訳

performance　✕　　と一致する　▼　　項目を検索

研究社 新英和中辞典での「performance」の意味

[音節] per・for・mance　[発音記号] / pəfˈɔːməns | pəfˈɔːm‐ /　[音声を聞く] ▶　✕

[名詞]

1　可算名詞 上演, 演奏, 演技; 興行; パフォーマンス.

2　可算名詞 出来栄え, 成績, 実績.
　　⊞ a company's business performance 会社の営業成績.

3　不可算名詞 (機械の)性能.
　　• We need to improve this car's performance on hills. この車の坂での性能は改善の必要がある.

4　不可算名詞
　　a すること, 行なうこと, 実行, 履行 〔of〕.
　　b 〔儀式などの〕執行, 挙行 〔of〕.

5　[a performance] 《口語》
　　a みっともないこと.
　　• What a performance! 何というざまだ.
　　b 人騒がせなこと, めんどうなこと.

6　不可算名詞 【言語学】言語運用.

[形容詞] 限定用法の形容詞
高性能の.
　　• a performance car 高性能車.

[PERFORM+-ANCE]

　検索結果画面をさらに下にスクロールすると、別の辞書の意味も表示されます。図4-2では「マイクロソフト用語集」と「コンピューター用語辞典」の結果も確認できます。

133

図4-2　Weblio英和・和英辞典の検索結果例（2）

このようにWeblioでは、一般的な辞書である『新英和中辞典』に加え、**専門的な辞書もまとめて引けます**。IT分野の専門辞書としては、『英和コンピューター用語辞典』（研究社）、「マイクロソフト用語集」（日本マイクロソフト）、「コンピューター用語辞典」（日外アソシエーツ）が収録されています。IT分野の専門用語を調べたい場合は、検索結果画面をスクロールして下のほうまで確認するようにしましょう。

　ちなみにWeblio英和・和英辞典にはAndroid版のアプリもあります。表示される結果は同じですが、専用アプリなので使い勝手もよくなっています。

● Weblioになければ「英辞郎」

Weblio英和・和英辞典を引いても適切だと思える意味が見つからなかった場合は、「**英辞郎 on the WEB**」を試してみましょう。収録語数が多いため、求める結果が得られる可能性があります。

さらに英辞郎は年に何回か更新されるため、新しい単語も比較的早く掲載されます。たとえばOxford辞典が2016年に「今年の英単語」に選んだ「post-truth」もすでに意味が載っています。頻繁な更新は紙の辞書にはない利点といえるでしょう。

> 📖参照
>
> 英辞郎 on the WEB：**http://www.alc.co.jp/**

図4-3　英辞郎 on the WEBの検索結果例

post-truth	検索Q　クリア

お知らせ　今なら「英辞郎 on the WEB Pro」年額コース新規申し込みで実質0円?!

検索文字列　**post-truth**

該当件数：**2件**
※ データの転載は禁じられています。

英語の例文も表示するにはぜひ、無料登録で使える「英辞郎 on the WEB Pro Lite」へ。

⊕ **post-truth** ●————[新しい単語もすぐに掲載される]
【形】
1. 真実が無関係になった後の（時代の）
2. 〔政治家の発言などが〕ポスト真実の、脱真実の、客観的事実よりも人々を納得させる、人々に感情的に真実と思わせるうその

⊕ **posttruth**
【形】
→ post-truth

02 英和辞典を使う際の注意点

せっかく辞書で調べても、使い方を間違えると苦労が無駄になることがあります。英和辞典を使う際に注意したい点を2つ挙げます。

● 辞書は下のほうまで読む

英単語には複数の意味が載っていることが普通です。前節の図4-1を見ると、performanceの意味として名詞が1～6まで、さらにその後に形容詞が1つあります。辞書で調べても1つめの定義しか読まない人がいます。しかし、ずっと下のほうに求めている意味が載っていることがあるのです。辞書を引いた後に「この定義だと何となく意味が通らないな……」と感じたら、**スクロールして別の定義や品詞も読むようにしましょう**。

英語には複数の定義を持つ単語が数多くあります。たとえばrunには「走る」のほかに「経営する」、titleには「題名」のほかに「肩書き」、minutesには「～分」のほかに「議事録」という意味があります。さらに分野によって意味が違うこともあります。たとえば、表4-1の単語はITと経済では異なる意味で使われます。

表4-1　IT分野と経済分野で意味が異なる単語		
単語	**IT**	**経済**
account	アカウント	口座
default	デフォルト（既定値）	債務不履行
property	プロパティー（属性）	資産、土地
security	セキュリティー（安全）	有価証券（securitiesで）

辞書の一部しか読まないと、適切な定義を見つけられません。多少面倒に感じても、**辞書は下のほうまで見る**という意識を持ちましょう。

● ウェブ辞書のすべてを信じない

　前節ではウェブ上で利用できる辞書を紹介しました。ウェブ辞書は新しい単語が随時追加され、収録語数が多いという点が大きなメリットです。しかし更新が早い半面、専門家のチェックが必ずしも行き届いていない項目もあります。たとえば、Weblio英和・和英辞典に収録されている「Weblio専門用語対訳辞書」や「Weblio英和対訳辞書」は対訳データから意味を自動生成しています。そのため、「Weblio英和対訳辞書はプログラムで機械的に意味や英語表現を生成しているため、不適切な項目が含まれていることもあります」という注意文が書かれています。

　ウェブ辞書の定義を読んで「意味が通らないな」という印象を受けたら、さらに別の辞書に当たるようにしましょう。辞書に問題がある可能性もあります。ウェブ辞書には**メリットとデメリットの両面がある**ことを知った上で活用してください。

COLUMN　Q&A サイトで使われる略語

　130ページのコラムで略語を紹介しましたが、Q&Aサイトをはじめとしたコミュニティーでも略語が使われます。130ページで紹介したBTWやFYI以外では、次のような略語が見られます。

- **AFAIK**： as far as I know（私の知る限り）
- **IMO**： in my opinion（私の意見では）
- **HTH**： hope this helps（お役に立てばよいのですが）
- **TL;DR**： too long; didn't read（「長過ぎて読まなかった」の意味。書き手が「長文注意」のニュアンスで使うことも）

03 さらに知りたいときに使う辞書

リーディングの基本は英和辞典になりますが、英和辞典では調べきれない言葉に遭遇することもあります。そういうときに活用できる辞書をいくつか紹介します。

▶ 微妙なニュアンスを知りたければ英英辞典

英英辞典とは、英語で英単語を説明している辞書です。英語がわからないから辞書を引いているのに、なぜそのようなものを使うのか疑問に思われるかもしれません。皆さんは日本語でわからない言葉があれば国語辞典を引くはずです。つまり国語辞典では「意味の説明」がしてあります。同様に、英英辞典も「意味の説明」を読みたいときに使うのです。特に微妙なニュアンスを知りたいときに活用できます。一方、英和辞典には日本語の「訳語」が載っています。日本語で何に相当するかを知りたい場合には便利ですが、微妙なニュアンスはわからないことがあります。

たとえば、「remove」と「delete」を例に挙げます。この2つはどう違うのでしょうか。どちらもIT分野の日本語では「削除」になるはずです。そこでOxford学習者向け英英辞典で調べてみます。まずremoveは、「to take something/somebody away from a place」[注4-1]とあります。つまり、ある場所から物や人を取り除くという意味です。次にdeleteは、「to remove something that has been written or printed, or that has been stored on a computer」[注4-2]とあります。つまり、書かれたり印刷されたりしたもの、あるいはコンピューターに保存されているものを取り除く、という意味で

す。deleteは文字やデータを取り除く場合に使う単語だということがわかります。このように微妙なニュアンスを知りたい場合は英英辞典で意味の説明を読むようにしましょう。

　では、どの英英辞典を使うべきでしょうか。私は、以下の２つを併用しています。

- **Oxford学習者向け英英辞典サイト（Oxford Learner's Dictionaries）**
  非ネイティブの学習者向けなので、意味が平易な言葉で説明されている。オックスフォード大学出版局が提供。

- **Collins英英辞典サイト（Collins Dictionary）**
  意味の説明のほかに、類語やトレンド（ある単語が過去10〜300年の間にどの程度使用されたかのグラフ）も表示。周辺情報が充実。イギリスの出版社であるハーパーコリンズが提供。

もし英英辞書を使ったことがなければ、この機会に試してみてください。

▶ 英語圏の最新情報を知りたいなら「Urban Dictionary」

　スラングのような新しい言葉は日々生まれては消えていきます。ウェブ辞書でも最先端の言葉は収録しきれません。そういった言葉を調べるときに利用できるのが「**Urban Dictionary**」というウェブサイトです。ユーザーが登録した新しい英単語と定義を検索できます。

　たとえば、Oxford辞典が2009年に「今年の英単語」に選んだ「unfriend」という言葉があります。FacebookなどのSNSで友達関係を解除するという意味です。このunfriendという単語は、Urban Dictionaryでは何年も前から掲載されていました。それだけ情報が早いのです。

　Urban Dictionaryでは登録された新しい単語と定義に対し、別のユー

ザーが賛成かどうかを投票します。つまり、いわゆるクラウドソーシングによって定義の妥当性を確保しています。賛成数を見ることによって定義が多くの人に認知されているのかを判断できます。

▶ MS製品の対訳なら「Microsoftランゲージ・ポータル」

一般的なIT用語であれば、辞書を引くと載っています。しかし、企業や製品に特有の言葉は、調べるのが難しいことがあります。こんなときには、マイクロソフト製品であれば「**Microsoftランゲージ・ポータル**」が便利です。製品ごとの訳語を調べられます。たとえば、「deactivate」の日本語訳を検索すると、Windows製品などでは「非アクティブ化」、Project製品では「無効化」という訳語が当てられています。

マイクロソフトはOSを提供しているため、その用語を参考にしているソフトウェア開発企業も多く存在します。一般的な辞書で見つからないソフトウェア関連用語は、「Microsoftランゲージ・ポータル」を調べてみるのもよいでしょう。

表4-2　英和辞典で調べきれない言葉を調べるときに活用できる辞書	
辞書名	**URL**
Oxford学習者向け英英辞典サイト	http://www.oxfordlearnersdictionaries.com/
Collins英英辞典サイト	http://www.collinsdictionary.com/
Urban Dictionary	http://www.urbandictionary.com/
Microsoftランゲージ・ポータル	https://www.microsoft.com/Language/ja-jp/Search.aspx

アクセスキー　**6**

04 ポップアップ辞書ツールを使って速読する

　ここまで、主にウェブ上で利用できる英和辞典やサイトを紹介してきました。便利な点はいくつもありますが、リーディング中にウェブサイトを開き、フォームに英単語を入力して検索を実行するという手順は若干面倒です。できればウェブサイトを開かず、すぐに検索結果を表示させたいところです。こういったときに役立つのが**ポップアップ辞書ツール**です。ここではパソコンのGoogle Chromeブラウザーで動作する「Weblioポップアップ英和辞典」と「Google Dictionary」、さらにスマートフォンで利用できる「Google翻訳」を紹介します。

● Weblioポップアップ英和辞典

　Weblioポップアップ英和辞典は、ウェブ・ページ上に知らない単語があった場合、カーソルを合わせるだけでWeblioの英和辞典を検索し、ポップアップで表示してくれるツールです。

　インストールするには、まずChromeウェブストアにアクセスします。Chromeブラウザーの「拡張機能」からアクセスすることも可能です。

> 📖参照 Chrome ウェブストア
> **https://chrome.google.com/webstore/**

　Chromeウェブストアのページを開いたら、「Weblioポップアップ英和辞典」で検索します。図4-4に示すWeblioポップアップ英和辞典のページが見つかったら、Chromeブラウザーに追加してください。

うまく追加できたら、図4-5のようにポップアップで英語の意味が表示されます。ウェブサイト上で「industry」という単語を調べた場面です。

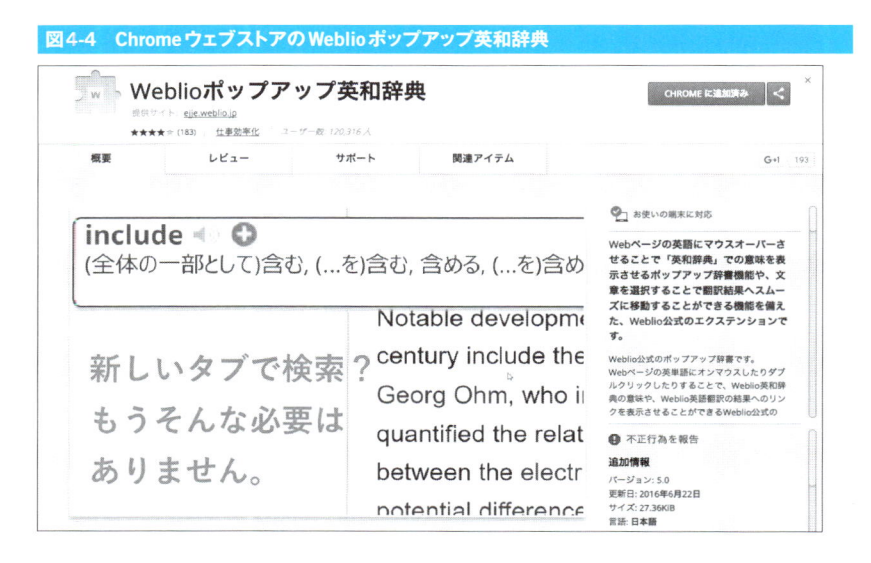

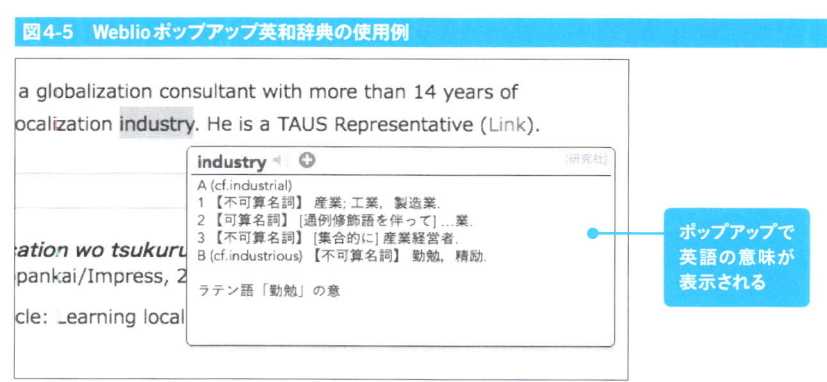

Weblioポップアップ英和辞典は、ポップアップ動作を好みに応じて設定できます。マウス・カーソルを置くだけでポップアップさせたり、選択状態（ハイライト状態）にしてキーボードのキーを押したらポップアップ

させたりできます。ポップアップが頻繁に出過ぎてわずらわしい場合は設定を変えるとよいでしょう。また、ポップアップ・ウィンドウのサイズを変えて情報量を増やすこともできます（図4-5は大きいウィンドウ・サイズ）。

● Google Dictionary

Google Dictionaryは、Google翻訳を利用したポップアップ・ツールです。辞書というより、機械翻訳ツールを辞書のように使うイメージです。Google翻訳は複数言語に対応しているため、英和だけではなくさまざまな言語の訳語をポップアップで表示できます。こちらもChromeウェブストアかChromeブラウザーの拡張機能からアクセスし、ブラウザーに追加します。図4-6がGoogle Dictionaryのページです。

Google Dictionaryで英単語の意味をポップアップさせると、図4-7のように表示されます。

図4-6　Chromeウェブストアの Google Dictionary

図4-7　Google Dictionaryの使用例

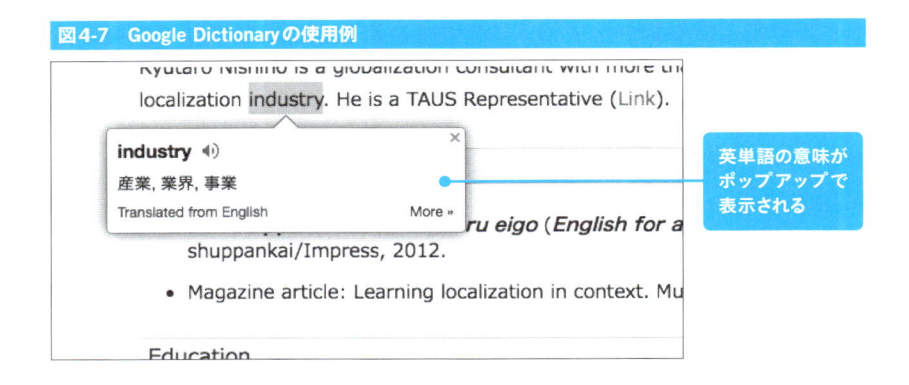

Google Dictionaryも動作設定ができます。まずしなければならない
のは、訳語を表示させる言語の設定です。日本語訳を表示させたい場合、
設定画面を開いて「My language」を「Japanese」としておきます。また、
ダブルクリックでポップアップさせるといったポップアップ動作も設定で
きます。

▶ Google翻訳アプリ

　パソコンのウェブ・ブラウザーだけでなく、スマートフォンでも使える
ツールがあります。Android版の「**Google翻訳**」アプリです。こちらも機
械翻訳を辞書のように使います。

　Google翻訳アプリで訳語をポップアップ表示させるには、「タップして
翻訳」という機能を使います。これをオンにしておくと、ウェブ・ブラウ
ザー上などで何かのテキストを「コピー」操作したとき、画面の右上に
Google翻訳アイコンが表示されます。このアイコンをタッチすると、図
4-8のように訳語がポップアップで表示されます。スマートフォンで英語
リーディングをしたいときには入れておくと便利なアプリです。

図4-8　Google 翻訳アプリの「タップして翻訳」機能

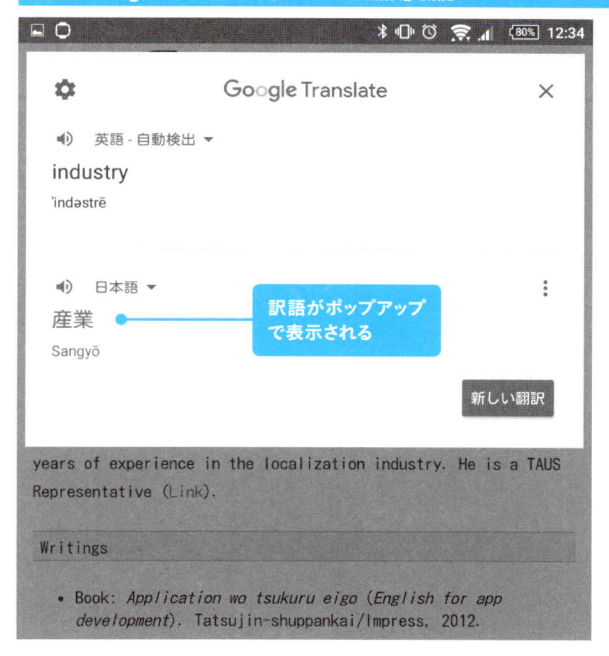

　本節では、ポップアップ辞書ツールをいくつか紹介しました。パソコン用としてはChrome ウェブ・ブラウザー上で動作するツールを紹介しましたが、Chrome以外のブラウザーにも同様のツールが存在することがあります。普段使っているブラウザーで利用できるものを探してみてください。ポップアップ辞書ツールを使うと、いちいちウェブサイトの辞書を検索する手間が省けます。時間の節約にもなりますし、リーディングに集中できます。ぜひ活用して効率的にリーディングしてください。

05 語彙レベル・チェッカーで難易度を見積もる

　これから読む英文にどのくらい難しい語彙が使われているかがわかれば、心構えをしやすくなります。そういったときに活用できるのが**語彙レベル・チェッカー**です。英文と語彙リストとを比較し、英文の総語数のうち何パーセントが語彙リストに含まれているかを分析するツールです。

● The Oxford Text Checker

　ウェブ上にあって比較的使いやすいのが「**The Oxford Text Checker**」です。前述のOxford英英辞典と同じくオックスフォード大学出版局が提供しています。3,000語からなる語彙リストなどと比較し、語彙の難易度を測ります。下記のURLにアクセスすると、図4-9のようなフォームが表示されます。ここに英文を入力し（❶）、どの語彙リストを使うかを指定したら、「Check Text」を押します（❷）。あまり長いテキストは入力できません。

> 📖参照 The Oxford Text Checker
> **http://www.oxfordlearnersdictionaries.com/us/oxford_3000_profiler**

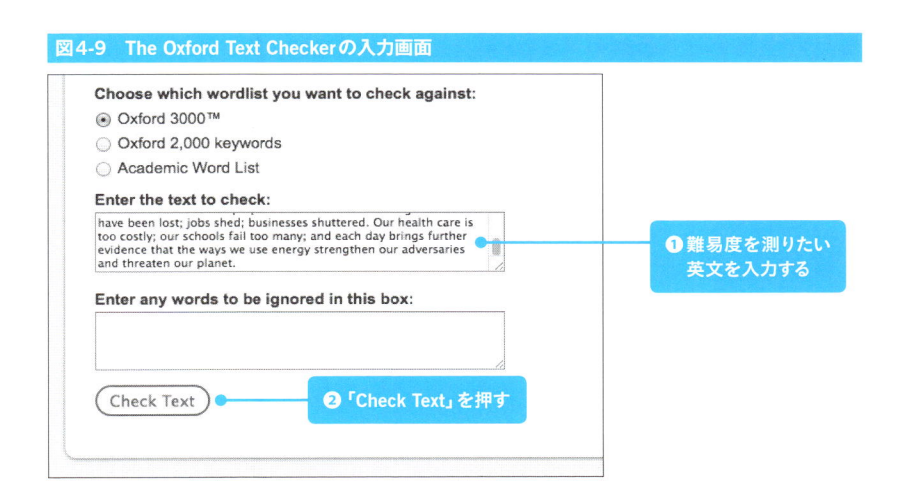

図4-9　The Oxford Text Checkerの入力画面

Choose which wordlist you want to check against:
- ⦿ Oxford 3000™
- ○ Oxford 2,000 keywords
- ○ Academic Word List

Enter the text to check:

have been lost; jobs shed; businesses shuttered. Our health care is too costly; our schools fail too many; and each day brings further evidence that the ways we use energy strengthen our adversaries and threaten our planet.

❶ 難易度を測りたい英文を入力する

Enter any words to be ignored in this box:

(Check Text)　❷「Check Text」を押す

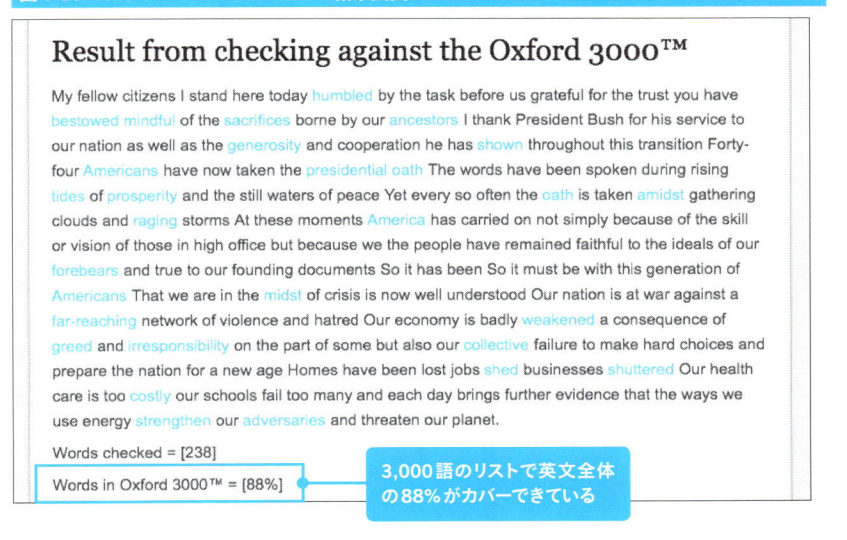

図4-10　The Oxford Text Checkerの結果画面

Result from checking against the Oxford 3000™

My fellow citizens I stand here today humbled by the task before us grateful for the trust you have bestowed mindful of the sacrifices borne by our ancestors I thank President Bush for his service to our nation as well as the generosity and cooperation he has shown throughout this transition Forty-four Americans have now taken the presidential oath The words have been spoken during rising tides of prosperity and the still waters of peace Yet every so often the oath is taken amidst gathering clouds and raging storms At these moments America has carried on not simply because of the skill or vision of those in high office but because we the people have remained faithful to the ideals of our forebears and true to our founding documents So it has been So it must be with this generation of Americans That we are in the midst of crisis is now well understood Our nation is at war against a far-reaching network of violence and hatred Our economy is badly weakened a consequence of greed and irresponsibility on the part of some but also our collective failure to make hard choices and prepare the nation for a new age Homes have been lost jobs shed businesses shuttered Our health care is too costly our schools fail too many and each day brings further evidence that the ways we use energy strengthen our adversaries and threaten our planet.

Words checked = [238]

Words in Oxford 3000™ = [88%]

3,000語のリストで英文全体の88%がカバーできている

　試しにオバマ大統領の最初の就任演説[注4-3]の一部を分析すると、図4-10のように表示されます。青色（実際の画面では赤色）で表示されているのが3,000語の語彙リストに入っていない英単語です。つまり、やや

難易度が高いと思われる単語です。実際に読む前に辞書を引いて確認しておいてもよいでしょう。また、図の一番下に「Words in Oxford 3000™」とあり、その数字が「88%」となっています。これは3,000語のリストで英文全体の88%がカバーできているという意味です。95%程度カバーできていればスムーズに読めるとされているので、3,000語の語彙（高校卒業程度）を持つ人であれば、引っかかりながらも辞書で調べれば何とか読めるレベルといえるでしょう。

● Word Level Checker

「**Word Level Checker**」は、通訳・翻訳の研究者である染谷泰正氏による語彙レベル・チェッカーです。語彙リストとして、日本の大学英語教育で使う「JACET8000」やアルク社による「SVL12000」などを利用しています。使い方はOxford Text Checkerとほぼ同じですが、複数のレベル別にパーセンテージが表示されます。ただし、語彙リスト外の単語が赤色で表示される機能はありません。

> ■参照 Word Level Checker
> **http://someya-net.com/wlc/index_J.html**

語彙レベル・チェッカーを2つ紹介しました。英文の語彙難易度を読む前に見積もっておけば、心の準備をしてからリーディングに取り掛かれるでしょう。

仕事に使える
英語サイト情報収集術

エンジニアにとって英語リーディングの目的は、
「何かを知りたい」というケースが多いでしょう。
本章では欲しい情報をうまく見つけるコツを解説します。
無駄を省いて効率的に情報収集できれば、
英語リーディングも実のあるものになるはずです。

01 Google検索で演算子を活用する

日常的にGoogle検索を使って調べものをしている人は多いでしょう。単に検索キーワードを入れるだけではなく、「**演算子**」を使うことで、より精度の高い検索が可能になります。演算子をうまく活用して英語での情報収集を楽にしましょう。

● ダブル・クォーテーションでひとかたまりにする

たとえば、「agile app development」という言葉でGoogle検索をしたとします。この場合、「agile」、「app」、「development」という3単語がどこかに入っているページがヒットします。さらにGoogleは（親切にも？）関連語を一緒に検索してくれます。たとえばappの類語である「software」、developmentに関連する「developer」も拾ってしまいます。図5-1のような結果です。agile、app、developmentはバラバラな場所にある上、softwareやdevelopersという指定していない単語が含まれています。

図5-1　「agile app development」をGoogle検索した結果例

The Agile Movement

agilemethodology.org/ ▼ このページを訳す

Agile methodologies are an alternative to waterfall, or traditional sequential **development**. ... Many **software developers** have learned the answer to that question the hard way: At the end of a project, a team might have built the **software** it was ...

> 無関係な単語も拾ってしまう

What is Agile Development for Mobile Apps? - Sourcebits

sourcebits.com/**app-development**.../what-is-**agile-development**-for-... ▼ このページを訳す

2015/08/20 - Learn about **agile development** for mobile **apps** and how it can help ensure that a mobile **app** is completed on time and on budget for mobile **app** clients.

> 検索したい言葉がバラバラになっている

曖昧な検索は便利な面もありますが、まさに指定した順序で言葉を調べたいときには不便です。この場合は**ダブル・クォーテーション**で全単語を囲むとひとかたまりになり、期待した結果を得られます。つまり、「"agile app development"」で検索します。すると図5-2のように、指定した単語が順序通りに含まれるページがヒットします。

図5-2　ダブル・クォーテーションでGoogle検索した結果例

● ワイルドカードで幅を広げる

　ダブル・クォーテーションの中では**ワイルドカード**を指定できます。ワイルドカードにはアスタリスク（*）を使います。この部分にどのような単語（複数の単語）がきてもよいという意味です。たとえば、「"agile * development"」で検索すると、図5-3のように「agile software development」、「agile product development」、「Agile Hardware Development」、「Agile Game Development」といった言葉が含まれるページがヒットします。

図5-3　ワイルドカードを使って Google 検索した結果例

Kanban vs Scrum vs Agile - Agile Web Development & Operations
www.agileweboperations.com/scrum-vs-kanban ▼ このページを訳す
2015/07/27 - Kanban vs Scrum then becomes an essential question: Which **agile software development** methodology is better suited for my own situation? And is Kanban agile? What about Scrum vs agile? Confusion is spreading…

Agile Development | Coursera
https://www.coursera.org/specializations/agile-development ▼ このページを訳す
We'll show you how to: - Explain key concepts and practices from the **agile product development** methodology - Create a strong shared perspective and drive to value using personas and problem scenarios - Diagnose what software to …

What is AGILE? | What is SCRUM? | Agile FAQ's | cPrime
https://www.cprime.com/resources/what-is-agile-what-is-scrum/ ▼ このページを訳す
Agile Hardware Development … Agile software development refers to a group of software development methodologies based on iterative development, where requirements and solutions evolve through collaboration between self-organizing …

Amazon.co.jp：Agile Game Development with Scrum (Addison-Wesley …
https://www.amazon.co.jp/Agile-Development-Scrum-Addison.../dp/0321618521 ▼
Amazon.co.jp：**Agile Game Development** with Scrum (Addison-Wesley Signature Series (Cohn)): Clinton Keith: 洋書.

「software」や「product」など、＊の部分にはどのような単語がきてもよい

● ヒットして欲しくない言葉を除外する

　あまりに多くの検索結果が出てくると確認に時間がかかります。そこで、指定する言葉が「ない」ページを検索することも可能です。含まれて欲しくない言葉の前に**マイナス記号（‒）**を付けます。たとえば、「"agile app development" -software」とすると、「"agile app development"」を含むが「software」は含まないページが表示されます。

● ドメインを限定する

　ウェブ全体ではなく、検索対象を**特定ドメイン**に限定すると、さらに

効率的に調べられます。ドメインを指定するには、「**site:ドメイン名**」を指定します。たとえば、「agile app development site:ibm.com」とすると、ibm.comの下にあるページに限定できます。ドメインはトップレベルだけ（例：「site:jp」や「site:gov」）でも、ホスト名まで含めても（例：「www.ibm.com」）大丈夫です。

● ファイル形式を限定する

ドメインと同様、ファイル形式で検索対象を限定できれば効率的です。これは、「**filetype:ファイル形式**」で可能です。たとえばPDFファイルだけを取得したければ、「agile app development filetype:pdf」のように指定します。ほかの演算子（ドメイン指定など）と組み合わせて使えます。

● 百聞は一見にしかずの画像検索

リーディング中に、たとえば「pedestal server」という英語に遭遇したとします。英和辞典で調べても「pedestal server」は載っていません。pedestalは「台」という意味なのですが、どういった種類のサーバーなのでしょうか。こういった場面で便利なのが**画像検索**です。「pedestal server」でGoogle検索後に「画像」リンクをクリックすると、図5-4のような画像一覧が表示されます。これを見ると縦長の台座付きケースに入っているサーバーだとわかります。

画像検索は「百聞は一見にしかず」です。言葉を見て考えるより、画像を見てしまえば一発で理解できることもあるのです。この機能をうまく利用しましょう。

図5-4　pedestal serverの画像検索結果

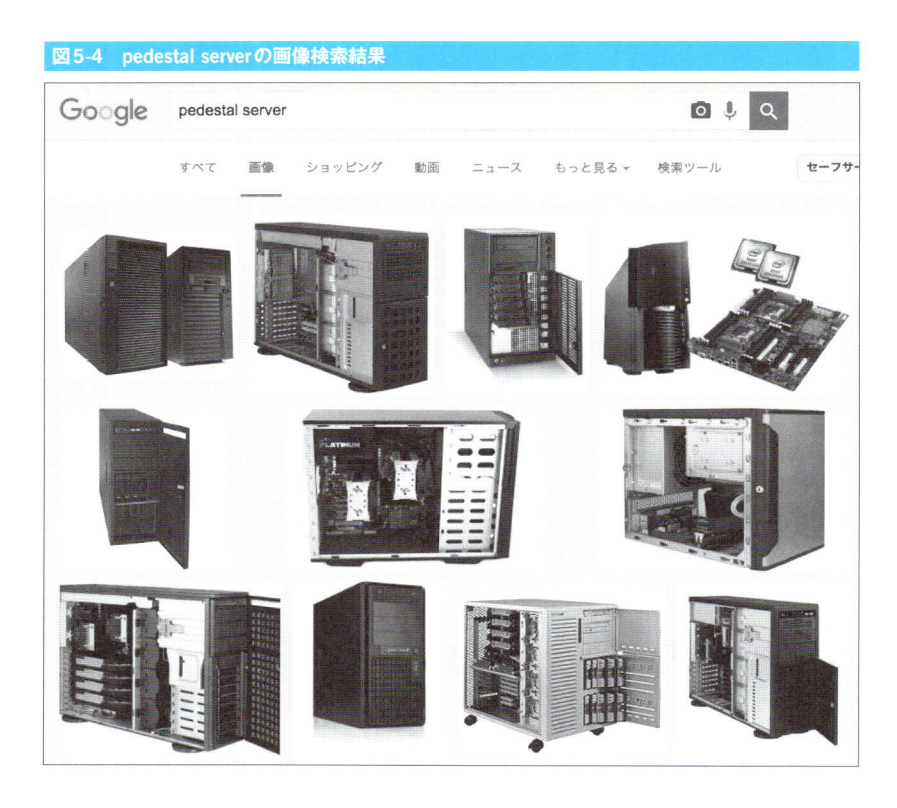

表5-1　検索の効率をupする演算子の使い方

検索法	内 容	例
完全一致検索	"A B C" 指定した単語が順序通りに含まれるページがヒットする	"agile app development"
ワイルドカード検索	A * B アスタリスク（*）の部分にはどのような単語がきてもよい	"agile * development"
マイナス検索	A – B Bを含まないAがヒットする	"agile app development" –software
ドメインの限定	site:ドメイン名 検索対象を特定ドメインに限定する	agile app development site:ibm.com
ファイル形式の限定	filetype:ファイル形式 検索対象を特定のファイルに限定する	agile app development filetype:pdf

02 的確な検索キーワードで情報を見つける

　前節で紹介した演算子以外にも、検索キーワードそのものを工夫して検索精度を高める方法もあります。

● 何かのやり方を知りたいとき

　インストール方法やエラー解消方法など、何かのやり方を知りたいときは「**how to**」を追加してみましょう。たとえばNode.jsのインストール方法を知りたい場合、「how to install Node.js」で検索します。

● 何であるかを知りたいとき

　何であるかを知りたいときは、「**what is**」という言葉を使ってみます。たとえば、「what is Node.js」という言葉で検索します。特に言葉の定義が知りたい場合は、「**define**」や「**definition**」を追加してみます。たとえば、footprintという言葉の定義は「definition footprint」で検索してみましょう。

● エラーの原因を知りたいとき

　ITエンジニアであれば、エラー・メッセージが英語で表示されて悩むことは日常的でしょう。日本語でヘルプなどが用意されていれば助かりますが、存在しないケースも多いはずです。そういったときは**エラー・**

メッセージをそのままウェブ検索してみましょう。Google検索を使う場合、エラー・メッセージをダブル・クォーテーションで囲ってひとまとまりにしておきます。エラーの原因と解消方法を説明しているウェブサイトが見つかる可能性があります。

COLUMN 情報の質を投票数や共有数で判断する

　ウェブサイト上の英語情報が信頼できるものかどうかを見極めるのは大変です。そういったケースでは、ユーザーの投票数やSNSでの共有数などを参考にしましょう。たとえば、第4章で「Urban Dictionary」というサイトを紹介しました。Urban Dictionaryではユーザーが登録した新語の定義に対し、一般ユーザーから投票が行われます。そのため、投票数を見ればある程度の妥当性を測れます。また、エンジニアのQ&Aサイトである「Stack Overflow」も、ユーザーが投票します。投票が多かった回答は妥当な回答であると考えてよいでしょう。

　また、ブログ記事などではFacebookやGoogle+といったSNS上での共有数（「いいね！」や「Like」の数）が表示されていることがあります。図5-5のような数字です。この数字も記事の質を推測する手がかりになります。ちなみに図5-5ではLikeが「1.5K」と表示されています。この「K」とは1,000の意味です。そのため1.5Kは1,500ということです。横幅が限られている場所では、このようなアルファベットを使って簡潔に表示されます。

図5-5　SNSでの共有数の例

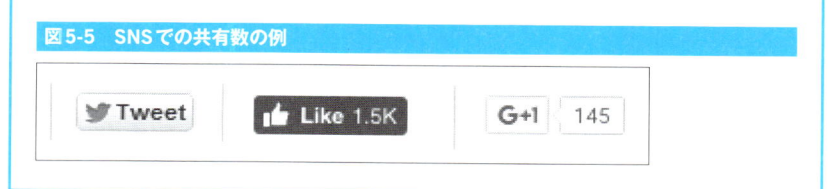

03 RSSリーダーで 効率的に情報収集

　自分から情報を探しに行くのではなく、情報のほうからこちらに来てくれれば収集も楽です。ニュースやブログの更新は、「**RSSリーダー**」を使うと自動的に取得できます。RSSリーダーは数多くありますが、ここでは「**Feedly**」というウェブ上のサービスを紹介します。Feedlyにはスマートフォン用アプリもあります。

> 📖参照 Feedly
> **http://feedly.com/**

　Feedlyで無料アカウントを作成すると、さまざまな分野のニュースやブログのサイトを一覧で提示してきます。たとえば、「Tech」分野であればEngadget、WIRED、TechCrunchといった英語のニュース・サイトが候補として示されます。こういったサイトを登録したければ、一覧で登録ボタンを押して追加します。図5-6はWIREDというサイトを登録した後の画面です。右半分に記事のタイトルがいくつも表示されています。サイトに新しい記事が掲載されると、自動的に取得してタイトルを表示しているのです。この記事タイトルをクリックすると本文（または本文へのリンク）が開きます。ちなみにFeedlyでは記事の「人気度」が数字で表示されます。図5-6の「200+」や「1K」といった数字です。これを参考にして読みたい記事を選んでもよいでしょう。

図5-6　FeedlyでWIREDを登録した例

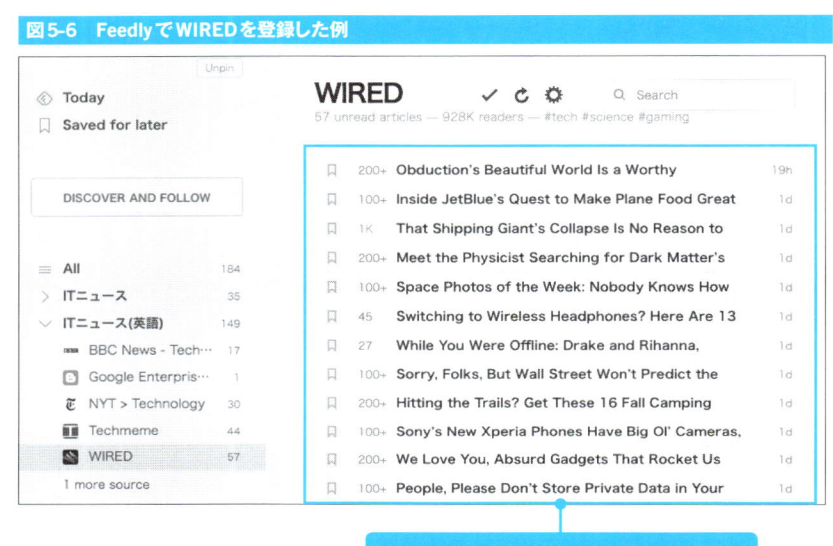

登録したサイトの記事のタイトルが表示される

　なお、Feedlyの一覧にないサイトであれば、直接URLを指定して登録することもできます。図5-7に示すように、たとえばjQueryブログのURLをそのまま検索ボックスに入力しましょう。登録したいサイトが出現したらクリックして登録します。

図5-7　FeedlyでjQueryブログを検索した例

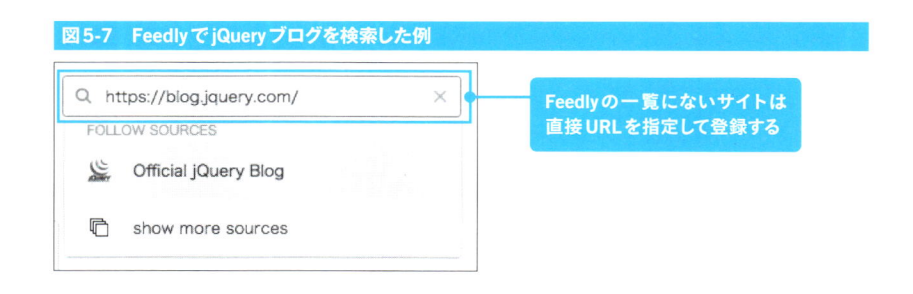

Feedlyの一覧にないサイトは
直接URLを指定して登録する

04 気になるキーワードは Googleアラートで追跡

　特定の技術や企業など、何かを調べたいときはウェブ検索をするはずです。しかし毎回キーワードを入れて検索するのは面倒ですし、検索しても更新がなければ無駄手間に終わってしまいます。そのような際には「**Googleアラート**」を使いましょう。自動的にウェブ検索をし、更新があったときだけに通知してくれます。

> 📖参照 Googleアラート
> **https://www.google.co.jp/alerts**

　Googleアラートのサイトにアクセスし、たとえば「Watson AI」のようなキーワードを入力します（❶）。オプションを開くと、図5-8のような画面が表示されます。「ソース」や「言語」といった設定項目があるので、必要に応じて設定します（❷）。そのうち「配信先」では、メール・アドレスまたはRSSフィードを設定できます。情報をメールで受け取りたければメール・アドレスを選択しますが、RSSフィードを使うと前述のFeedlyのようなRSSリーダーに登録して読めるようになります。さまざまな情報を1か所で入手できるため、RSSフィードを活用することをお勧めします。

　RSSフィードを配信先にしてアラートを作成すると、図5-9に示すようなマイアラート一覧が表示されます。RSSリーダーに登録するには枠で囲ってあるアイコンをクリックしてURLを取得します。これをRSSリーダーに登録すれば、自動的に気になるキーワードを追跡できます。

図5-8　Googleアラートの設定画面

図5-9　マイアラート一覧

05 SNSでリアルタイムの情報を見つける

　ニュースやブログ記事も情報は早いのですが、生の情報を得たければTwitterやFacebookといったSNSを利用できます。特定の企業や個人が発信する公式な情報を取得したいときは、FacebookページやTwitterアカウントをフォローします。フォローして情報を得るのは最も基本的な使い方になるでしょう。

　また、いま現在何が起こっているかという情報を得たければ、SNS上で**キーワード**を検索してみましょう。たとえばカンファレンスの会場で何が話されているか、現在サーバー障害が発生していないか、といったリアルタイムの生情報を得られます。これにはTwitterが便利です。

　たとえばjQueryについてリアルタイム情報を得たければ、Twitterの検索窓に「jquery」とキーワードを入力して検索します。すると図5-10のような結果が表示されます。上部のタブで「話題のツイート」（❶）を選択すると一部のみ、「すべてのツイート」（❷）を選択すると「jquery」を含む全ツイートが表示されます。こうして入力したキーワードは保存しておき（❸）、後で簡単に検索することも可能です。保存は「検索オプション」ボタンからできます。もし常に追いかけておきたいキーワードであれば保存しておくとよいでしょう。

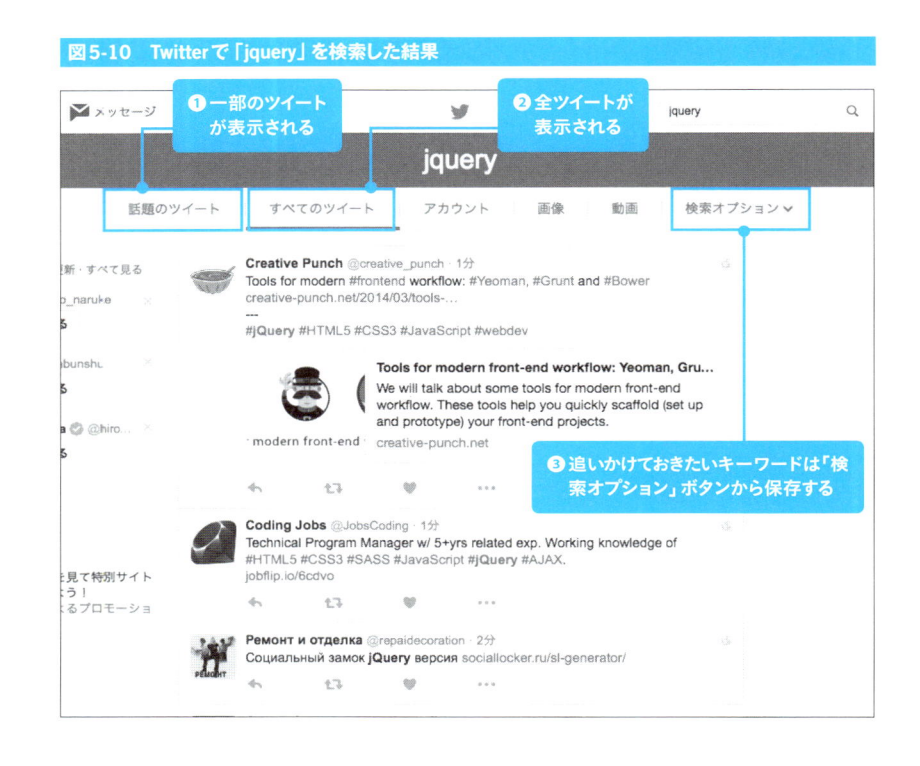

図5-10　Twitterで「jquery」を検索した結果

　Twitterでは「**ハッシュタグ**」で検索する方法もあります。ハッシュタグとは、「#jquery」のように言葉の先頭にハッシュ記号（#）を付けたもので、特定の話題を見つけやすくする目的で利用します。通常のキーワードと同様に検索できます。開発者カンファレンスなどでは主催者（または有志）がハッシュタグを決めておき、話題をTwitter上で共有しやすくしています。たとえばGoogle I/O 2016というカンファレンスでは、Googleが「#IO16」を公式ハッシュタグにしていました。ハッシュタグを検索することで、いままさに進行している話題を見つけやすくなるのです。

ライティングとリスニングでも
役立つテクニック

ここまでIT英語のリーディングについて解説してきました。
せっかく得られた知識はほかの場面でも応用してみましょう。
本章では、仕事ですぐに役立つライティングや
リスニングのテクニックを説明します。
リーディングと併せて習得してみましょう。

01 メールは構成パターンを使って書く

　働くエンジニアにとって書く機会が最も多い英語ドキュメントは、おそらく電子メールでしょう。取引先や社内はもちろん、ユーザーからもメールが届き、それに返信しなければならないことがあります。第2章05でも説明したように、英語メールには典型的な構成パターンあるいはディスコース構造があります。構成パターンを踏襲することで、書くときの負担は低減します。この**構成パターンを身に付けるようにしましょう**。

　構成パターンの中心的な要素は、「件名」、「頭語」、「本文」、「結語」です。この後に「署名」も入ります。どの要素がどこに対応するのか、以下のサンプルを見てください。このサンプルでは、インストール方法に関するユーザーからの問い合わせに対する回答メールを想定しています。

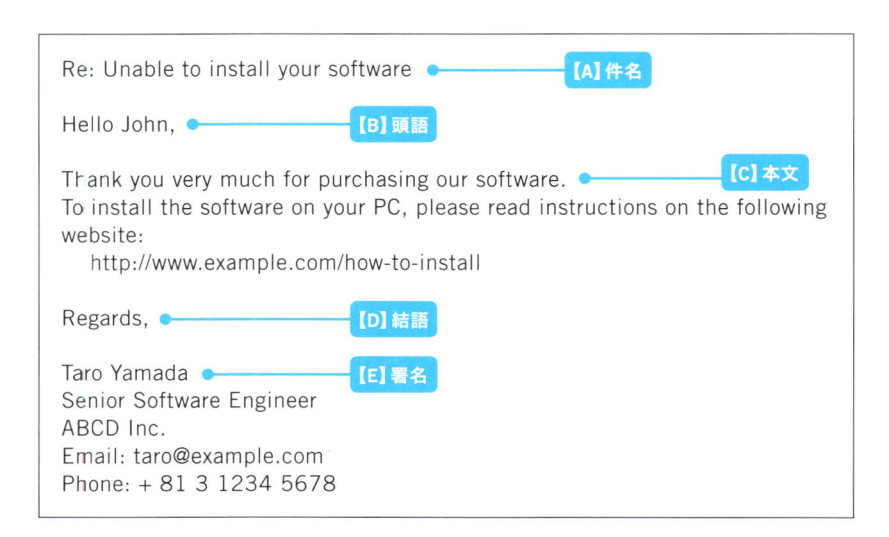

```
Re: Unable to install your software          【A】件名

Hello John,          【B】頭語

Thank you very much for purchasing our software.          【C】本文
To install the software on your PC, please read instructions on the following
website:
     http://www.example.com/how-to-install

Regards,          【D】結語

Taro Yamada          【E】署名
Senior Software Engineer
ABCD Inc.
Email: taro@example.com
Phone: + 81 3 1234 5678
```

では、これらの要素を書くに当たっての注意点を見てみましょう。

➕ A. 件名

件名には、**簡潔、かつ内容がすぐわかるタイトルを付けましょう**。たとえば「Important information」（重要情報）ではなく、「Important changes to our privacy policy」（当社プライバシー・ポリシーの重要な変更点）のほうがタイトルだけで内容が把握できます。また、もらったメールに返信する際、メール・アプリによって「Re:」（regardingの略）が付けられることがあります。付いたまま送って問題ありません。

➕ B. 頭語

頭語は相手に応じて使い分けますが、以下の２つが使えれば十分でしょう。

- **フォーマルな「Dear」**

  初めてのビジネス相手であればフォーマルな「Dear」を使いましょう。個人名がわかる場合は「Dear 名 姓,」か、男性なら「Dear Mr. 姓,」、女性なら「Dear Ms. 姓,」が一般的です。個人名がわからなければ「Dear Staff,」（スタッフ宛）や「Dear Customer,」（顧客宛）といった表現も使えます。

- **ややカジュアルな「Hello」**

  すでに知っている人（同僚やなじみの取引先）の場合や、相手が非フォーマルな頭語（HelloやHi）でメールを送ってきた場合は、ややカジュアルな「Hello」を使います。個人名がわかる場合は「Hello 名,」、わからない場合は単に「Hello,」だけでも構いません。IT業界では初めての相手の場合も「Hello」や「Hi」が使われることがよくあります。

✚ C. 本文

本文は頭語のすぐ後から始めて構いません。必ずしも日本語の「お世話になっております」のようなあいさつ文を追加する必要はありませんが、ユーザー宛であればサンプルのように「Thank you very much 〜 .」といった一言を入れてもよいでしょう。

本文の内容は多様なため、残念ながら決まったパターンは存在しません。もし長い本文を書くのであれば、文章展開を工夫しましょう。文章がきちんと論理的に展開されていれば、仮に英語が多少下手であっても、相手に意図は伝わりやすくなります。

文章を展開する際には、「ディスコース・マーカー」（第 1 章 04 参照）が役立ちます。ディスコース・マーカーには、手順／列挙（first、second、finallyなど）、強調（in factなど）、追加（also、in additionなど）、逆接（but、even ifなど）、例示（for exampleなど）、言い換え（in other wordsなど）、理由（because、due toなど）、結論／結果（so、as a resultなど）という種類があります。適切なものを適切な場面で使ってください。

また、1 つ便利なテクニックとして、「コロン」（:）や「following」（第 1 章 03 参照）という言葉を活用する方法が挙げられます。たとえば、「We need A, B, and C.」という文を書きたい場合、以下のようにコロンを使って箇条書きにします。

```
We need the following:
        - A
        - B
        - C
```

こうすると、仮にA、B、Cが長い言葉であったとしても、スッキリとして読みやすくなります。特に技術的な内容のメールの場合、曖昧さ

や誤解を減らす効果が期待できるでしょう。さらに後述の機械翻訳ツールを使う際も、的確な訳を得やすくなります。「following」は名詞（例：「We need the following:」）としても、形容詞（例：「We need the following items:」）としても使えます。

⊕ D. 結語
頭語と同様、以下の２つが使えれば十分です。

- **フォーマルな「Best regards,」**
  頭語が「Dear」の場合に対応させて使います。「Sincerely,」でも可です。

- **ややカジュアルな「Regards,」**
  頭語が「Hello」の場合に対応させて使います。たまには違った言葉を使いたい場合は「Thanks,」や「Thank you,」でも構いません。

⊕ E. 署名
普段日本語メールしか送らない人は、署名が日本語のままになっていないか、送信前に確認しましょう。署名欄には一般的に、名前、役職、部署名、会社名、会社住所、メール・アドレス、ウェブサイト、電話番号といった情報を入力します。

書き方に特に注意が必要なのは電話番号でしょう。海外から日本にかける場合、たとえば「03 1234 5678」ではかかりません。国番号（日本は81）に続き、最初の0を除いた番号を入力して発信します。そのため、海外の人に電話番号を知らせるときは「+81 3 1234 5678」という形式で書きます。

02 手順の説明は 命令形とyouを使う

　本格的な英文マニュアルを書く機会はそれほど多くないかもしれません。しかし、ソフトウェアやデバイスのちょっとした使い方や操作手順を誰かに説明する機会はよくあるでしょう。そういった場合にも、第3章03の「マニュアル」で述べた内容を応用できます。同節でも登場した以下の例文で、手順を書くときの注意点を解説します。

図6-1　手順を書くときの注意点

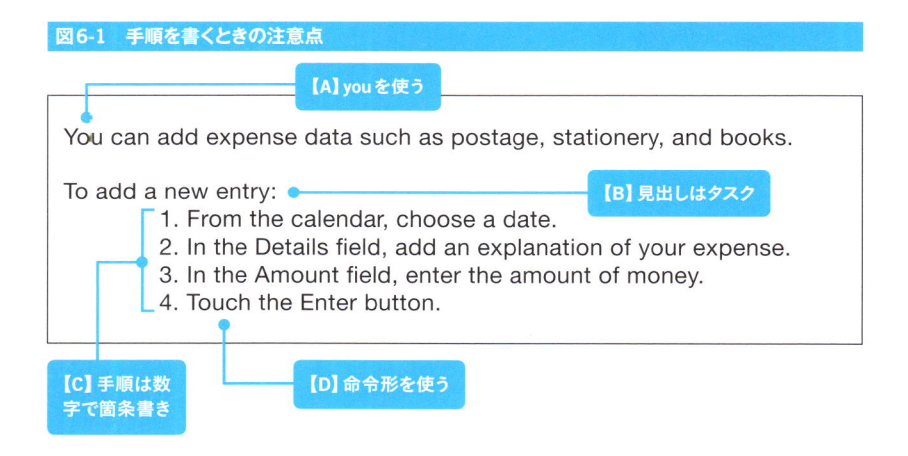

【A】youを使う

You can add expense data such as postage, stationery, and books.

To add a new entry:　　　　　　　　　　　　　　【B】見出しはタスク
　　1. From the calendar, choose a date.
　　2. In the Details field, add an explanation of your expense.
　　3. In the Amount field, enter the amount of money.
　　4. Touch the Enter button.

【C】手順は数字で箇条書き　　　【D】命令形を使う

➕ A. youを使う

　読み手であるユーザーを指し示す場合、「**you**」を使います。また、ユーザーの所有物を指す場合は「your」が使えます（例文の「your expense」）。

➕ B. 見出しはタスク

　見出しはユーザーの視点に立ち、ユーザーが実行する**タスク**で書きま

す。例文では、「新しい項目を追加するには」（To add a new entry）という
タスクになっています。その後に手順の箇条書きが続く場合、コロン（:）
を末尾に付けて箇条書き導入の目印にします。

⊕ C. 手順は数字で箇条書き

　手順の各ステップは、**数字（番号）を付けて箇条書き**にします。一方、
項目の列記など、手順以外の箇条書きではブレット（・）やアルファベッ
ト（Aやaなど）を使って区別するとよいでしょう。

⊕ D. 命令形を使う

　ユーザーが実行すべき操作は、**命令形**（動詞の原形）を使って簡潔に
表現します。日本語の「〜してください」に相当するpleaseを入れる必要
はありません。

`COLUMN` foo、barとは？

　ソースコードのサンプルを読んでいると、「foo」や「bar」という単語
を見かけることがあります。これは何でしょうか。

　fooやbarは、サンプルの変数名や関数名として使う仮の名前です。サ
ンプル用であるため、実際にプログラムする際は読者の好きな名前に
置き換えることができます。foo、bar以外ではbaz、qux、quux、corge、
grault、garply、waldo、fred、plugh、xyzzy、thudが使われます（RFC
3092参照）。日本語ではhoge、piyo、fugaなどを使うことがあります。
こういった言葉は単にサンプル用なので、考え込まないようにしましょう。

03 コミット・メッセージは 書き始めの動詞をうまく選ぶ

第2章02で説明したように、コミット・メッセージは「主語を省略し、動詞から書き始める」というスタイルが普通です。また、冠詞（aやthe）の省略も頻繁に発生します。たとえば、「Add support for JSON file.」（JSONファイルのサポートを追加）という書き方です。

つまりコミット・メッセージでは、**書き始めの動詞をうまく選ぶことが重要**だといえます。そこで、書き始めでよく用いられる動詞を15個挙げます。

表6-1　コミット・メッセージの書き始めでよく用いられる動詞	
動　詞	**例　文**
add 追加する	Add support for multiple file selection （複数ファイル選択のサポートを追加） Add documentation for JSONParser （JSONParserのドキュメントを追加）
allow ～を可能にする、 許可する	Allow to choose multiple files （複数ファイルの選択を許可）
change 変更てる	Change how parseJSON() works （parseJSON()の動作を変更）
clean 整理てる（通常、 clean upで）	Clean up comments in Test.js （Test.jsのコメントを整理）
don't ～しないようにする	Don't show image on load （読み込み時に画像を表示しないようにした） Don't crash when no file is specified （ファイルの未指定時にクラッシュしないようにした）
fix 修正する	Fix error in JSONParser（JSONParserのエラーを修正） Fix typo: adress -> address　（誤字を修正：adress → address）
implement 実装する	Implement getter and setter （getterとsetterを実装）

動　詞	例　文
improve 改善する	Improve error message for missing link （リンクがない場合のエラー・メッセージを改善）
make 〜にする	Make it possible to change username （ユーザー名の変更を可能にした） Make sure that IDs are unique （IDが確実に一意であるようにした）
move 移動する	Move files into tools/js （ファイルをtools/jsに移動）
refactor リファクタリングする	Refactor handling of HTML tags （HTMLタグの処理をリファクタリング）
remove 削除する	Remove duplicate code（重複しているコードを削除） Remove unused functions（未使用の関数を削除）
rename 名前を変更する	Rename toUpper() to toUppercase() （toUpper()をtoUppercase()に名前変更）
update 更新する	Update README.md （README.mdを更新）
use 使用する	Use correct resource path（正しいリソース・パスを使用） Use new method to determine login status （ログイン状態判断に新しいメソッドを使用）

　このリストではシステムで自動生成されることがあるmergeやrevertなどの動詞は除外しています。また、オープンソースなどのプロジェクトによっては、動詞の原形（例：add）ではなく過去形（例：added）や三人称単数形（例：adds）が好まれたり、文頭にまずプレフィックス（例：「doc:」）を付けたりします。プロジェクトでどのような書き方がされているかを確認しておきましょう。

04 機械翻訳ツールを上手に使って英文を書く

　ここまでいくつかのドキュメント・タイプのライティングについて解説してきました。ライティング力を身に付けて英語が書けるようになれば理想的ですが、なかなか学習時間を取れないエンジニアも多いでしょう。そこで、**機械翻訳ツール**を上手に活用して英文を書く方法を紹介します。ここでいう機械翻訳ツールとは、「Google 翻訳」やマイクロソフトの「Bing 翻訳」などウェブ上にあるサービスを指すこととします。

📖**参照** Google 翻訳
https://translate.google.com/
📖**参照** Bing 翻訳
http://www.bing.com/translator

　どのツールも原文フィールドに日本語を入力すると、訳文の英語が出力されます。つまり英語ライティングというより、日英翻訳するわけです。たとえば、図6-2はGoogle翻訳の画面です。

図6-2　Google翻訳の画面

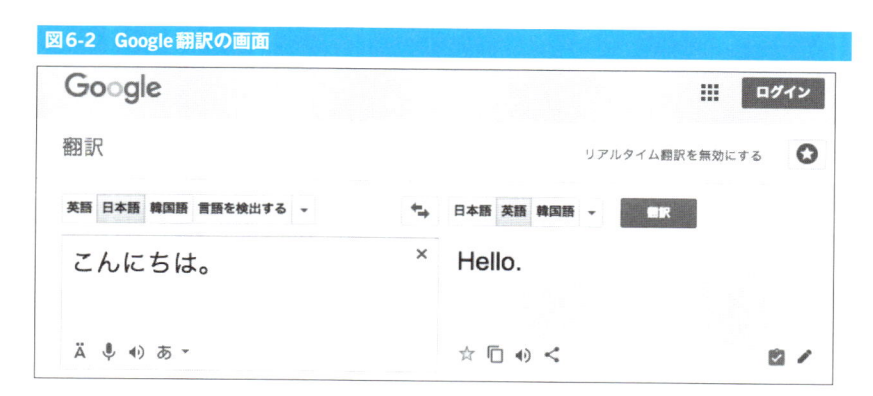

機械翻訳ツールを使うにはコツがあります。まず以下の原文例に対する出力（2017年6月時点）を見てみましょう。ユーザーから問い合わせがあり、それに対してメールで回答している場面を想定しています。

- **原文例：**先日いただいたお問い合わせについてですが、全ファイルを一度にアップロードできませんが、zipで1つのファイルにできるので、それをアップロードしてください。
- **Google**：As for the inquiries you received the other day, you can not upload all the files at once, but you can zip to make one file, please upload it.
- **Bing**：I have a question about the other day, but I can't upload all the files at once, but I can upload them to a single file by Zip.

　残念ながら、意味が逆になっていたり、読みにくかったりする部分もあります。これはうまく機械翻訳できる日本語原文になっていないことが一因です。つまり、原文をあらかじめ機械翻訳しやすい日本語に変えておくと、比較的よい結果が得られます。その際に特に重要なのは、「**文を短く切る**」と「**主語と目的語を明示する**」という2点です。

▶**文を短く切る**

　上記の原文例にあるように、「〜ですが」や「〜ので」といった言葉を使うと長い文を書けます。しかし、長い文はうまく機械翻訳できないことが多いのです。長い文がある場合、まず**適当な部分で区切る**ようにします。特に決まりはありませんが、主語と述語だけからなる単文になるように切ったり、順接や逆接などがあるところで切ったりするとよいでしょう。

順接や逆接で切った場合、独立させた文の頭に接続詞（例：しかし）を追加します。たとえば、上記原文例は以下のように切ります。

- **原文変更例1**
  先日いただいたお問い合わせについてです。全ファイルを一度にアップロードできません。しかし、zipで1つのファイルにできます。それをアップロードしてください。

ここで注意したいのは、「お問い合わせについてですが」の「が」です。「が」は基本的に逆接ですが、逆接ではなく単純な接続に使われるケースもあります。例文の「お問い合わせについてですが」は単純接続なので、後続の文に「しかし」や「だが」などを追加する必要はありません。

▶ 主語と目的語を明示する

続いて主語と目的語を明示してみましょう。英語の文では基本的に主語と動詞が必須です（ただし、本書で再三述べているように「省略」も発生します）。また、目的語を明示することで機械翻訳しやすくなります。

そこで原文変更例1に対し、主語として「私たち」と「あなた」、さらに目的語として3つめの文に「全ファイルを」を追加してみます。

- **原文変更例2**
  私たちが先日いただいたお問い合わせについてです。あなたは全ファイルを一度にアップロードできません。しかし、あなたはzipで全ファイルを1つのファイルにできます。それをアップロードしてください。

AとBが完了したら、再び機械翻訳ツールにかけてみます。結果は以

下のようになります。

- **Google**：It is about inquiries we got the other day. You can not upload all the files at once. But you can zip all the files into one file. Please upload it.
- **Bing**：It is about the inquiry that we received the other day. You cannot upload all the files at once. But you can file all the files in one zip. Please upload it.

　まだまだの部分ももちろんありますが、文を短く切り、主語と目的語を明示しただけで、結果がよくなったように感じませんか？　ここに手を加えてさらに改善を図ることもできます。たとえば1つめの文は内容を噛み砕き、別の日本語に書き直してみます。「先日のあなたの問い合わせに対する回答を私は送ります」のように具体的に書き直したほうが結果がよくなる可能性があります。

　機械翻訳ツールで得られた英訳は、できれば同僚や友人などに一度読んでもらってください。英語ネイティブである必要はなく、多少英語がわかる日本人で構いません。対訳ではなく英語だけを読んでもらい、「よくわからない」と指摘された部分は、原文の日本語を書き直して再度機械翻訳ツールにかけましょう。機械翻訳ツールでおかしな英語が出力されるのは、原文の日本語がよくない（例：主語がない、意味や係り受けが曖昧）ことが原因のケースが多いです。原文をうまく修正すると、機械翻訳ツールは力を発揮します。上手に活用してください。

　GoogleとBingは、2016年から**ニューラル機械翻訳**という新しい手法を採用しています。ニューラル機械翻訳では訳文が読みやすい（流暢である）というメリットがある反面、訳抜け（原文の意味が訳文にない）が発生するというデメリットも指摘されています。大事な文書を機械翻訳する際は、訳抜けが発生していないか対訳で確認するようにしてください。

05 字幕を活用して英語スピーチを聞き取る

　英語は何とか読めるものの、聞き取るのに苦労しているエンジニアは多いのではないでしょうか。最新の技術情報を得るために、海外のイベントやカンファレンスのビデオをYouTube上で見るエンジニアもいるでしょう。このようなときに活用できるのが、YouTubeの**英語字幕機能**です。英語スピーチが文字になって表示されれば、リスニングの手助けになります。

　図6-3に示すYouTubeのビデオ画面は、Googleの開発者向けイベント「Google I/O 2016」におけるプレゼンテーションでAndroidの新機能をデモしている場面です[注6-1]。登壇者は英語で説明しているため、話している言葉が字幕で表示されれば聞き取りが楽になるはずです。

図6-3　YouTubeの字幕なし画面

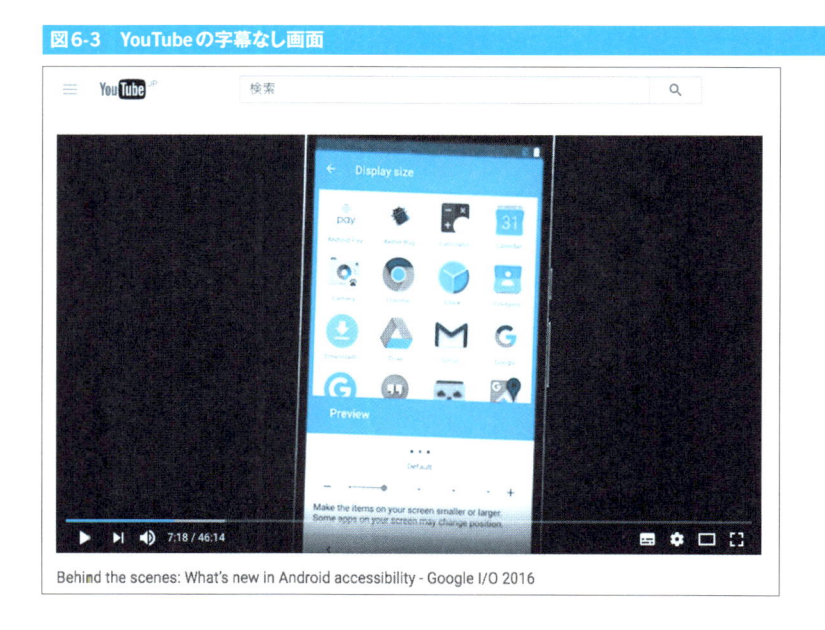

Behind the scenes: What's new in Android accessibility - Google I/O 2016

そこで、画面右下にある歯車のアイコンをクリックすると、図6-4のようなメニューが表示されます。ここで「字幕(2)　オフ」と書かれたメニューをクリックします。すると図6-5のメニューが表示されます。英語字幕は「英語 - CC」と「英語（自動生成）」の2つがあります。どちらも英語の字幕を表示させますが、少し違いがあります。「CC」[注6-2]は人間が音声を確認しながら付けた字幕で、ある程度の信頼性があります。一方、「自動生成」はコンピューターが音声認識をして自動的に書き起こした英語字幕です。自動認識は完璧ではなく、うまく聞き取れていないことがよくあります。CCに比べて信頼性が落ちるため、完全には信頼しないようにしましょう。もし両方ともある場合は「CC」を選びます。ただし残念ながら、音声認識ができないなどの理由で「自動生成」の字幕も表示できない動画もあります。

図6-4　YouTubeの字幕メニュー（1）

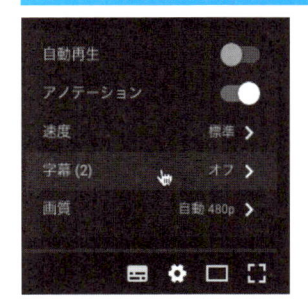

図6-5　YouTubeの字幕メニュー（2）

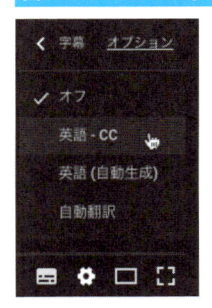

　字幕を表示するように設定すると、図6-6のように表示されます。これで文字を読みながらリスニングができるため、内容理解も進むはずです。YouTubeにはイベントに限らず、チュートリアルやニュースなど、数多くのエンジニア向け英語動画がアップロードされています。この字幕機能を活用し、ぜひ情報収集に役立ててください。

図6-6　YouTubeの字幕あり画面

Behind the scenes: What's new in Android accessibility - Google I/O 2016

アクセスキー　b

06 いまさら人に聞けない読み方を Google 翻訳で確認

　英語で「98.765」は何と読むでしょうか？　数字の読み方は基本のはず
ですが、普段から読んでいないと忘れてしまいがちです。このようなと
きに便利なのが先ほども紹介した「Google翻訳」です。Google翻訳には、
入力した英文を音声で読み上げる機能が付いています。つまり、Google翻
訳を翻訳に使うのではなく、英文読み上げに利用するのです。

　Google翻訳にアクセスし、図6-7のように原文入力画面に「98.765」と
入力します（❶）。入力したら、左下にあるスピーカーのアイコンをク
リックしてみましょう（❷）。「ninety-eight point seven six five」という発音
が聞こえるはずです。「98.765」はこう読めばよいのです。

図6-7　Google 翻訳の読み上げ

　ほかにも、たとえば「$12.34」という金額はどうでしょうか。入力してス
ピーカーのアイコンを押すと「twelve dollars and thirty-four cents」と読

み上げてくれます。さらに「1/3」や「3/4」のような分数、「11:45 am」のような時刻、「November 15, 2016」のような日付、「40 km/h」のような速度も問題ありません。また「Stephen King」や「Condoleezza Rice」といった人名、「Des Moines」や「San Jose」といった地名もうまく発音してくれます。ただし人名や地名などの固有名詞は、ある程度知られているものでないと難しいかもしれません。

このようにGoogle翻訳の音声読み上げ機能を活用することで、いまさら人には聞けない基本的な英語の読み方や発音も確認できます。

`COLUMN` **大きな数字の読み方**

「12,345,678,912,345」という数字は英語でどう読むでしょうか。日本語式に「いち、じゅう、ひゃく、せん、……、じっちょう」と下から１桁ずつ数えてから読んでいませんか？　実はもっと早く読むコツがあります。英語ではカンマ（,）を使って３桁ずつ数字を区切るため、このカンマに注目します。カンマには下の桁から順に「thousand」（千）、「million」（百万）、「billion」（十億）、「trillion」（一兆）という名前が付いていると考えましょう。読む際は、まず各カンマの前にある最大３桁の数字を読み、次に各カンマの名前（trillion、billion、million、thousand）を読む、という流れを上から繰り返します。

では具体的にやってみましょう。最初の例（12,345,678,912,345）の場合、カンマは４つあります。一番上にある４つめは「trillion」なので、まず「12 (twelve) trillion」と読みます。その下は「billion」なので「345 (three hundred forty five) billion」です。次は「million」なので「678 (six hundred seventy eight) million」です。さらにその下は「thousand」なので「912 (nine hundred twelve) thousand」です。最後はカンマがないため「345 (three hundred forty five)」です。これをひと続きで読めばよいのです。

注

第 1 章

1-1 : 卯城祐司編著『英語リーディングの科学 「読めたつもり」の謎を解く』（研究社）

1-2 : 前掲書、23ページ

1-3 : 前掲書、18～20ページ

1-4 : さらに小さい単位として「形態素」がありますが、本書では「語」を最小としておきます。

第 2 章

2-1 : 語彙カバー率を語彙難度としています。一般英語で使われる単語を集めたGSL（General Service List）と大学で使われる単語を集めたAWL（Academic Word List）によるカバー率です。

2-2 : 各コーパスから1万ワードをサンプリングし、TTR（type-token ratio）を計算しています。TTRは「異なり語数÷延べ語数」です。たとえば、「I have a pen that I bought yesterday.」の場合、延べ語数は8、異なり語数は7（Iが2回出現）なので、7÷8で0.875です。

2-3 : 西野竜太郎 & 野原佳代子「ソフトウェアUI英語のレジスター分析：目標テクスト生成能力の向上に向けて」（『翻訳研究への招待』No.12（2014）、39–60.）

2-4 : ちなみに契約書の日本語（英語ではなく）では、「～するものとする」といった独特の表現を使うことが一般的ですが、アメリカのIT企業の一般ユーザー向け使用許諾契約の和訳では、「～です」や「～ます」という日本語表現が目立ちます。

第 3 章

3-1 : BBC Newsより引用（http://www.bbc.com/news/technology-36606220）

3-2 : BBC Newsより引用（http://www.bbc.com/news/uk-scotland-36686466）

3-3 : TechCrunchより引用（https://techcrunch.com/2016/07/07/google-acquires-anvato-a-media-streaming-and-monetization-platform-for-broadcasters/）

3-4： New York Timesより引用（http://www.nytimes.com/2016/07/08/technology/
kevin-turner-microsoft-executive-to-join-citadel-securities.html）

3-5： サンプル英文では要求仕様の推奨項目を定めたIEEE Std 830の項目を参考
にしています。

3-6： よく用いられるのがRFC 2119の定義です。

3-7： RFC 5234を参照してください。

第4章

4-1： http://www.oxfordlearnersdictionaries.com/us/definition/english/remove_1
より

4-2： http://www.oxfordlearnersdictionaries.com/us/definition/english/delete より

4-3： http://www.gutenberg.org/files/28001/28001-h/28001-h.htm より

第6章

6-1： ビデオのURL：https://www.youtube.com/watch?v=QlhU0YioJks

6-2： CCとはClosed Captionの頭字語で、普段は隠されている字幕のことです。

参考文献

独立行政法人情報処理推進機構IT人材育成本部編『IT人材白書2011』情報処理
　　推進機構

卯城祐司編『英語リーディングの科学 「読めたつもり」の謎を解く』研究社

クリストファー・ベルトン、長沼君主 共著、渡辺順子訳『英単語 語源ネットワー
　　ク』コスモピア株式会社

豊永彰『英文法 ビフォー＆アフター』南雲堂

中島節『メモリー英語語源辞典』大修館書店

成重寿『ゼロからスタートリーディング　だれにでもわかる6つの連続テクニッ
　　ク』Jリサーチ出版

成田あゆみ、日比野克哉『標識に従えば英語はスッキリ読める』増進会出版社

橋内武『ディスコース　談話の織りなす世界』くろしお出版

藤岡啓介『技術英語表現／表記ハンドブック』工業調査会

文部科学省『高等学校学習指導要領解説：外国語編：英語編』http://www.mext.
　　go.jp/component/a_menu/education/micro_detail/__icsFiles/afieldfile/2010/01/
　　29/1282000_9.pdf（参照 2016-08-26）

綿貫陽、宮川幸久、須貝猛敏、高松尚弘『徹底例解 ロイヤル英文法（改訂新版）』
　　旺文社

野口幸雄『ひと目でわかる英文契約書』かんき出版

池上陽子『英文ビジネスメール　ものの言い方辞典（改訂新版）』技術評論社

デイヴィッド・セイン『ビジネス Quick English メール』ジャパンタイムズ

マイケル・スワン著、吉田正治訳『オックスフォード実例現代英語用法辞典 第3
　　版』研究社

中村哲三『英文テクニカルライティング70の鉄則』日経BP社

中山裕木子『技術系英文ライティング教本 – 基本・英文法・応用 –』日本工業英
　　語協会

平田周『英文 "秒速" ライティング』日本実業出版社

■著者プロフィール

西野 竜太郎 (にしの りゅうたろう)

IT分野の英語翻訳者。フリーランスを経て、2016年より
合同会社グローバリゼーションデザイン研究所の代表社員。
産業技術大学院大学院大学修了(情報システム学修士)、東京工業
大学博士課程単位取得退学。
著書『アプリケーションをつくる英語』(達人出版会/イン
プレス)で、第4回ブクログ大賞(電子書籍部門)を受賞。
長野県生まれ、愛知県育ちで、趣味はアニメーション鑑賞。

装丁・本文デザイン	吉村 朋子
カバーイラスト	加納 徳博
DTP	風工舎

現場で困らない!
ITエンジニアのための英語リーディング
アイティ

2017年8月7日　初版第1刷発行

著　者	西野 竜太郎
発行人	佐々木 幹夫
発行所	株式会社翔泳社　(http://www.shoeisha.co.jp)
印刷・製本	株式会社 廣済堂

ISBN 978-4-7981-4949-3　　　　　　Printed in Japan